应用型本科高校系列教材·电气信息类

传感器与检测技术

主　编　蒋全胜　林其斌

副主编　宁小波　李素平　王玉勤

中国科学技术大学出版社

内 容 简 介

本书全面介绍了传感器与检测技术的基本概念、基本原理和典型应用,内容注重经典与现代的结合,叙述力求由浅入深,强调对工程实践应用能力的培养,突出应用性的特点,使本书适应教学需要并具有很高的可读性。同时,本书中新器件、新技术的有关内容可使读者了解学科前沿。

全书按照传感器原理和检测技术两大模块组织内容,传感器原理模块主要内容包括传感器基础、常用传感器的工作原理、数字式传感器、新型传感器;检测技术模块主要内容包括检测技术基础、常用检测技术以及检测系统误差分析等。

本书可作为高等院校电气工程及其自动化、电子信息工程、机械设计制造及自动化、自动化、测控技术与仪器、通信工程等专业的本科生教材,也可供从事传感器与检测技术相关领域应用和设计开发的研究人员及工程技术人员参考。

图书在版编目(CIP)数据

传感器与检测技术/蒋全胜,林其斌主编. —合肥:中国科学技术大学出版社,2013.1(2022.1重印)

(应用型本科高校系列教材·电气信息类)

ISBN 978-7-312-03132-8

Ⅰ.传… Ⅱ.①蒋… ②林… Ⅲ.传感器—检测—教材 Ⅳ.TP212

中国版本图书馆 CIP 数据核字(2012)第 292216 号

出版 **中国科学技术大学出版社**
安徽省合肥市金寨路 96 号,230026
http://press.ustc.edu.cn
https://zgkxjsdxcbs.tmall.com

印刷 合肥市宏基印刷有限公司
发行 中国科学技术大学出版社
经销 全国新华书店
开本 710 mm×960 mm 1/16
印张 15.5
字数 304 千
版次 2013 年 1 月第 1 版
印次 2022 年 1 月第 3 次印刷
定价 28.00 元

前　　言

　　21 世纪是信息化时代,其特征是人类社会活动和生产活动的信息化。人们在研究自然现象和规律及生产活动的过程中,必须从外界获取信息,传感器和检测技术作为能及时正确地获取这些信息的有效手段,而成为现代科学技术研究的一个重要领域。

　　"传感器与检测技术"是机电、自动化、电气工程及电子信息等工程类专业的一门重要专业基础课。该课程以研究自动检测系统中的信息提取、信息转换和信息处理的理论和技术为主要内容,涉及物理量、化学量等量的测量、变换和处理。这一门课程所讲述的技术应用十分广泛,对工农业生产、国防等具有十分重要的意义。

　　本书是作者根据高校电气工程及其自动化、机械设计制造及自动化、自动化、电子信息工程、测控技术与仪器等专业的"传感器与检测技术"课程的基本要求,在吸收近年来各高校的教学经验基础上编写而成的。在编写过程中力求内容丰富、全面、新颖,叙述由浅入深,对传感器原理力争讲清物理概念,对传感器的应用则充分结合生产和工程实践,按照少而精和理论联系实践的原则编写,使本书具有一定的实用性和学习参考价值。

　　全书共分为 7 章,按照传感器原理和检测技术两大模块来组织内容。第 1 章为传感器基础知识,主要介绍了传感器技术的基本知识。第 2 章为常用传感器的工作原理,阐述了工程中常用的 7 类传感器和其工作原理、结构、特性与应用。第 3 章为数字式传感器,主要介绍了光栅、磁栅式传感器及感应同步器的工作原理、结构及应用。第 4 章为新型传感器,主要介绍了生物、智能、微型和网络传感器的结构和应用特点。第 5 章为检测技术基础,主要介绍了检测技术及检测系统的基本特性、无失真检测条件等。第 6 章为常用检测技术,详细介绍了力学量、运动量、振动量、温度、光电和图像等常用参量的检测技术以及应用特点与过程。第 7 章为检测系统误差分析,主要讲述了检测误差的基本概念和处理方法。

　　本书由蒋全胜和林其斌任主编,并负责全书的统稿和审校。参加编写的有:蒋全胜(第 1、5、7 章);林其斌(第 2 章);宁小波(第 3 章);王玉勤、蒋全胜(第 4 章);李素平、蒋全胜(第 6 章)。

在本书的编写过程中,参考和引用了许多专家学者的论著,在此对本书所引用文献的有关作者表示衷心的感谢。

由于作者学识水平与能力有限,本书难免有错误及不妥之处,敬请广大读者和同仁批评指正。

编者

2012 年 12 月

目　　录

第1章 传感器基础知识

21世纪是人类全面进入信息电子化的时代。随着社会的发展和科学的进步，人类探知工程信息的领域和空间不断拓展，要求信息传递的速度加快和信息处理的能力增强，从而形成了现代电子信息系统三大核心技术：信息采集——传感技术、信息传递——通信技术和信息处理——计算机技术。其中传感器与检测技术是信息获取与交换的核心，被列为世界上近十年来最重要的现代电子技术之首，并成为21世纪人们争夺的信息工程技术领域的制高点。

先进的信息技术和自动化系统已成为引领各个国家迈向现代化的支撑性技术之一。传感器产业的发展水平能够衡量一个国家的综合经济实力和技术水平，传感器的技术水平、生产能力和应用范围已成为评价一个国家科学技术水平的重要标志，正如国外专家指出的：谁支配了传感器，谁就支配了当前的新时代。目前，我国信息科学技术的研究与产业化都取得了重大进展，在仪器仪表产品微型化、集成化、智能化、总线化等方向上紧跟国际发展步伐，并加大了具有自主知识产权的先进传感器及检测仪表的研制力度。传感器技术的发展、应用与研发，检测仪器的使用与维护都需要大批专门人才作为支撑，因此，对人才培养的内容和目标也提出了新要求。

1.1 传感器概述

传感器（Transducer/Sensor）是获取自然和生产领域中信息的主要途径与手段，它位于研究对象和测试系统的接口位置，为检测与控制之始。人们往往把传感器比拟为人的感官：眼——光敏传感器，鼻——气敏传感器，耳——声敏传感器，嘴——味觉传感器，手——触觉传感器；把计算机比作人的大脑；把通信技术比作人的神经系统。通过感官来获取信息（传感器），由大脑（计算机）发出指令，由神经系统（通信技术）进行传输，这些组成部分对现代信息技术来说缺一不可。

在科学研究和技术基础研发中，传感器能获取人类感官无法获得的大量信息。

如利用传感器和传感技术,观察物体可以精确到直径 1.0×10^{-10} cm 的微粒;计量时间可精确至1.0×10^{-24} s。可以将一艘宇宙飞船看做是一个高性能传感器的集合体,它可以捕捉和收集宇宙之中的各种信息;一辆小轿车上所设置的传感器也有百余种之多,利用这些传感器可以测量油温、水温、水压、流量、排气量、车速、姿态等。传感器是感知、获取和检测信息的窗口,一切自动化生产过程和科学研究要获取的信息都须通过传感器获取并转换成容易传输和处理的电信号,其作用与地位十分重要。

1.1.1　传感器的概念

中国国家标准《传感器通用术语》(GB/T 7665—2005)中对传感器的定义和组成规定如下:"(传感器是)能够感受(或响应)规定的被测量并按照一定规律转换成可用输出信号的器件或装置,通常由敏感元件和转换元件组成。"国际电工委员会(International Engineering Consortium,IEC)给出的传感器定义为:"传感器是测量系统中的一种前置部件,它将输入变量转换成可供测量的信号。"

根据传感器的定义,传感器的基本组成分为敏感元件和转换元件两部分,分别完成检测和转换两个基本功能。其中,敏感元件是指传感器中能直接感受或响应被测量的部分;转换元件是指传感器中能将敏感元件的感受或响应的被测量转换成适于传输和测量的电信号部分。传感器的共性就是利用物理定律或物质的物理、化学、生物特性,将非电量(如位移、力、速度、加速度等)输入转换成电信号(电压、电流、电容、电阻等)输出。传感器的组成如图 1.1 所示。

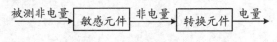

图 1.1　传感器的组成

传感器是一种检测装置,能感受到被测量的信息,并能将检测感受到的信息,按一定规律变换成为电信号或其他便于测量的信号输出,以满足信息的传输、处理、存储、显示、记录和控制等需要。它是实现自动检测和自动控制的首要和关键环节。

1.1.2　传感器的分类

传感器本身种类繁多、原理各异,检测对象也纷繁复杂,分类方法较多,目前尚无统一规定。下面是几种常见的分类方式。

1. 按传感器的工作原理分类

根据传感器工作原理,可将传感器分为物理传感器、化学传感器和生物传感器三大类。物理传感器应用的是物理效应,诸如压电、磁致伸缩、离化、极化、热电、光电、磁电等效应,可分为应变式、压电式、压阻式、电感式、光电式、电容式、磁电式等。化学传感器包括以化学吸附、电化学反应等现象为因果关系的传感器,被测信号量的微小变化都将转换成电信号。生物传感器是利用微生物或生物组织中生命体的活动现象作为变换结构的一种传感器,这可为生物、医学领域提供一种有用的传感器。大多数传感器是以物理原理为基础运作的。

2. 按传感器的用途分类

按照传感器的用途进行分类,可分为压力传感器、温度传感器、湿度传感器、位移传感器、液面传感器、速度传感器、加速度传感器、热敏传感器等。

3. 按传感器输出的信号类型分类

根据输出信号类型不同可将传感器分为以下几种:

(1) 模拟传感器

将被测量的非电学量转换成模拟电信号。

(2) 数字传感器

将被测量的非电学量转换成数字信号(包括直接和间接转换)。

(3) 膺数字传感器

将被测量的信号量转换成频率信号或短周期信号(包括直接和间接转换)。

(4) 开关传感器

当一个被测量的信号达到某个特定的阈值时,传感器相应地输出一个设定的低电平或高电平信号。

4. 按能量的转换情况分类

按照传感器的能量转换情况不同,可分为能量控制型传感器和能量转换型传感器两大类。

(1) 能量控制型传感器

需外部提供电源,只有信号转换,没有能量转换。

(2) 能量转换型传感器

不需外加电源,本身有能量转换,同时有信号转换。

5. 按传感器材料分类

在外界因素的作用下,所有材料都会做出相应的、具有特征性的反应。其中那些对外界作用最敏感的材料,即具有功能特性的材料,被用来制作传感器的敏感元件。传感器可应用的材料包括:金属聚合物、陶瓷混合物、导体、半导体、磁性材料、单晶、多晶、非晶材料等;可据此对传感器进行分类。现代传感器的发展进展某种程度上取决于用于传感器技术的新材料和敏感元件的开发强度。

随着计算机技术的飞速发展,近年来出现了一种带有微处理器且兼具监测和信息处理功能的智能传感器,其各项性能相比传统传感器高很多,是传感器未来的发展方向。

1.2　传感器的基本特性

在对各种参数进行检测和控制过程中,要达到比较优良的控制性能,必须要求传感器能够感测被测量的变化并且不失真地将其转换为相应的电信号,这取决于传感器的基本特性。传感器的基本特性主要分为静态特性和动态特性两种。

1.2.1　传感器的静态特性

传感器的静态特性是指对静态的不随时间变化的输入信号,传感器的输出量与输入量之间所具有的相互关系。研究静态特性主要考虑线性度、灵敏度、迟滞、重复性、漂移等方面。

1. 线性度
指传感器输出量与输入量之间的实际关系曲线偏离拟合直线的程度。

2. 灵敏度
灵敏度是传感器静态特性的一个重要指标。其定义为输出量的增量 Δy 与引起该增量的相应输入量增量 Δx 之比。它表示单位输入量的变化所引起传感器输出量的变化,显然,灵敏度 S 值越大,则传感器越灵敏。为了测量出微小的振动变化,传感器应有较高的灵敏度。

3. 迟滞
传感器在输入量由小到大(正行程)及输入量由大到小(反行程)变化期间其输入输出特性曲线不重合的现象称为迟滞。另言之,对于同一大小的输入信号,传感器的正反行程输出信号大小不相等,这个差值称为迟滞差值。

4. 重复性
重复性是指传感器在输入量按同一方向作全量程连续多次变化时,所得特性曲线不一致的程度。

5. 漂移
传感器的漂移是指在输入量不变的情况下,传感器输出量随着时间变化而变化,此现象称为漂移。漂移产生的原因来自于两个方面:一是传感器自身结构参数;二是周围环境(如温度、湿度等)改变。

最常见的漂移是温度漂移,即因周围环境温度变化而引起的输出量变化,温度漂移主要表现为温度零点漂移和温度灵敏度漂移。温度漂移通常为传感器工作环境温度偏离标准环境温度(一般为20℃)时的输出值的变化量与温度变化量之比。

6. 测量范围(Measuring Range)

传感器所能测量到的最小输入量与最大输入量之间的范围称为传感器的测量范围。

7. 量程(Span)

传感器测量范围的上限值与下限值的代数差,称为量程。

8. 精度(Accuracy)

传感器的精度是指测量结果的可靠程度,是测量中各类误差的综合反映,测量误差越小,传感器的精度越高。传感器的精度用其量程范围内的最大基本误差与满量程输出之比的百分数形式表示,其基本误差是传感器在规定的正常工作条件下所具有的测量误差,由系统误差和随机误差两部分组成。

工程技术中为简化传感器精度的表示方法,引用了精度等级的概念。精度等级以一系列标准百分比数值分级表示,代表传感器测量的最大允许误差。如果传感器的工作条件偏离正常工作条件,还会带来附加误差,温度附加误差就是最主要的附加误差。

1.2.2 传感器的动态特性

传感器的动态特性是指传感器在输入变化时,其输出的特性。传感器的输入信号是随时间变化的动态信号,输入信号的变化引起输出信号也随时间变化,这个过程称为响应。动态特性就是指传感器对于随时间变化的输入信号的响应特性,通常要求传感器不仅能精确地显示被测量的大小,而且还能复现被测量随时间变化的规律,这也是传感器的重要特性之一。

在实际工作中,常用传感器对某些标准输入信号的响应来表示它的动态特性。这是因为容易用实验方法求得传感器对标准输入信号的响应,并且它对标准输入信号的响应与对任意输入信号的响应之间存在一定的关系,往往知道了前者就能推定后者。最常用的标准输入信号有阶跃信号和正弦信号两种,所以传感器的动态特性也常用阶跃响应和频率响应来表示。

对于阶跃输入信号,传感器的响应称为阶跃响应或瞬态响应,即传感器在瞬变的非周期信号作用下的响应特性。这对传感器来说是一种最严峻的状态,如果传感器能复现这种信号,那么就能很容易地复现其他种类的输入信号,其动态性能指标必定优秀。

对于正弦输入信号,传感器的响应则称为频率响应或稳态响应。它是传感器在振幅稳定不变的正弦信号作用下的响应特性。稳态响应的重要性,在于工程上所遇到的各种非电信号的变化曲线都可以展开成傅立叶(Fourier)级数或进行傅立叶变换,即可以用一系列正弦曲线的叠加来表示原曲线。因此,如果已知传感器对正弦信号的响应特性,则可以判断它对各种复杂变化曲线的响应情况。

分析传感器的动态特性的一种通用方法是建立动态数学模型。建立动态数学模型的方法有多种,如微分方程、传递函数、频率响应函数、差分方程、状态方程、脉冲响应函数等。建立微分方程是对传感器动态特性进行数学描述的基本方法。

1.2.3 传感器的性能指标一览

由于传感器的类型五花八门,使用要求千差万别,要列出可以全面衡量传感器质量优劣的统一指标极其困难。迄今为止,国内外还是采用罗列若干基本参数和比较重要的环境参数指标的方法来作为检验、使用和评价传感器的依据。表 1.1 列出了传感器的一些常用指标,可供读者参考。

表 1.1　传感器常用性能指标一览表

基本参数指标	环境参数指标	可靠性指标	其他指标
1. 量程指标:量程范围、过载能力等。 2. 灵敏度指标:灵敏度、满量程输出、分辨率、输入输出阻抗等。 3. 精度指标:精度(误差)、重复性、线性、回差、灵敏度误差、阈值、稳定性、漂移、静态总误差等。 4. 动态性能指标:固有频率、阻尼系数、频响范围、频率特性、时间常数、上升时间、响应时间、过冲量、衰减率、稳定误差、临界速度、临界频率等	1. 温度指标:工作温度范围、温度误差、温度漂移、灵敏度温度系数、热滞后等。 2. 抗冲振指标:各向冲振容许频率、振幅值、加速度、冲振引起的误差等。 3. 其他环境参数:抗干扰、抗介质腐蚀、抗电磁场干扰能力等	工作寿命、平均无故障时间、保险期、疲劳性能、绝缘电阻、耐压、反抗飞狐性能等	1. 使用方面:供电方式(直流、交流、频率、波形等)、电压幅度与稳定度、功耗、各项分布参数等。 2. 结构方面:外形尺寸、重量、外壳、材质、结构特点等。 3. 安装连接方面:安装方式、馈线、电缆等

1.3 传感器的选用原则

现代传感器在原理与结构上千差万别,如何根据具体的测量目的、测量对象以及测量环境合理地选用传感器,是进行检测时首先要解决的问题。测量的成败,很大程度上取决于传感器的选用合理与否。

传感器的选用一般遵循以下几个原则:

1. 根据测量对象与测量环境确定传感器的类型

要进行一个具体的测量工作,首先要考虑采用何种原理的传感器,这需要分析多方面的因素。因为,即使是测量同一物理量,也有多种原理的传感器可供选用,哪一种原理的传感器更为合适,则需要根据被测量的特点和传感器的使用条件考虑以下一些具体问题:量程的大小、被测位置对传感器体积的要求、测量方式(接触式还是非接触式)、信号的引出方法(有线或无线方式)等。

因此先确定选用何种类型的传感器,然后再考虑传感器的具体性能指标。

2. 灵敏度和检测极限

通常希望在传感器的线性范围内其灵敏度越高越好,但是灵敏度过高的话会对干扰信号太敏感,影响测量精度。因此,一般要求在满足要求的情况下,尽量选用灵敏度低和检测极限大、范围宽的传感器,以增强抗干扰能力。

3. 精度

精度是传感器的一个重要的性能指标,它关系到整个测量系统测量精度。传感器的精度包括精密度和准确度。精密度是指在同一条件下进行反复测量时,所得结果之间的差别程度,也叫重复性。传感器的随机误差小,精密度高,但不一定准确。准确度是指测量结果与实际真正的数值偏离程度。同样,准确不一定精密。故在选用传感器时,要着重考虑精密——重复性。因为准确度可以用其他方法进行补偿,而重复性是传感器本身固有的,外电路对此无能为力。

4. 频率响应特性

传感器的频率响应特性决定了被测量的频率范围,必须在允许频率范围内保持不失真的测量条件,实际上传感器的响应总有一定延迟,所以希望延迟时间越短越好。

传感器的频率响应高,可测的信号频率范围就宽;频率响应低的传感器可测信号的频率就低。在动态测量中,应根据信号的特点(稳态、瞬态、随机等)选择响应特性,以免产生过大的误差。

5. 线性范围

传感器的线性范围是指输出与输入成正比的范围。从理论上讲,在此范围内,灵敏度保持定值。传感器的线性范围越宽,则其量程越大,并且能保证一定的测量精度。选择传感器时,在确定传感器的种类之后首先要看其量程是否满足要求。

在实际工作中,任何传感器都不能保证绝对的线性,其线性度是相对的。当所要求测量精度比较低时,在一定的范围内,可将非线性误差较小的传感器近似看作线性的,这会给测量带来极大的方便。

另外,传感器测量中还应考虑使用环境尤其是工业环境的各种干扰因素。一般希望能经受住高低温、湿度、磁场、电场、辐射、震动、冲击等恶劣环境的考验,但都有一定的适应限度。这一条往往成为选择传感器的关键。实际使用时,还要考虑到传感器的体积、重量、成本、耗电、拆装是否方便等因素。

1.4　传感器的发展趋势

近年来,传感器正处于由传统型传感器向新型传感器转型的阶段。现代科技水平的不断提高,带动了传感器技术的提高,特别是近几年快速发展的集成电路(IC)技术和计算机技术,为传感器的发展提供了良好与可靠的技术基础,微型化、数字化、多功能化、智能化与网络化是现代传感器发展的重要特征。

目前传感器正在向以下几个方向发展:

1. 高精度、高灵敏度、宽量程

随着生产自动化程度的不断提高,对传感器的要求也在不断提高,灵敏度高、精度高、量程宽、响应速度快的新型传感器对生产自动化具有重大意义。

2. 微型化

更强的自动检测系统的功能,要求系统各个部件的体积越小越好,这就要求发展新的材料及加工技术,使制作的传感器更小更好。

微型化是建立在微电子机械系统(MEMS)技术基础上的,目前已成功应用在硅器件上形成硅加速度传感器。如传统的加速度传感器是由重力块和弹簧等制成的,体积较大,稳定性差,而利用激光等各种精细加工技术制成的硅加速度传感器体积非常小,可靠性和互换性都较好。

3. 智能化、数字化

随着现代科技的发展,传感器的功能已突破传统,不再输出单一的模拟信号,而是把微处理器、部分处理电路及传感测量部分合为一体,具有放大、校正、判断和一定的信号处理功能,可组成数字智能传感器。

4．微功耗及无源化

传感器一般都是将非电量向电量转化,工作时离不开电源,为了节省能源并提高系统寿命,微功耗的传感器及无源传感器是必然的发展方向。目前,低功耗芯片发展很快,如 T12702 运算放大器,其静态功耗只有 1.5mW,而工作电压只需 2～5V。

5．超大尺寸测量

如何获取制造大型和超大型装备与系统过程中的机械特性及物理特性等信息,分析影响制造性能的各要素与机理,为提升制造水平提供科学依据,是新型传感器的发展方向。

除上述方向外,新型传感器的发展还有赖于新型半导体材料、敏感元件和纳米技术的发展,如新一代光纤传感器、超导传感器、焦平面陈列红外探测器、生物传感器、纳米传感器、新型量子传感器、微型陀螺、网络化传感器、模糊传感器、多功能传感器等。

习　　题

1．综述并举例说明传感器技术在现代化建设中的作用。

2．传感器的基本特性有哪些?

3．传感器的选用原则主要有哪些?

4．试述传感器常见的分类方式和主要应用领域。

5．传感器的发展趋势是什么?

第 2 章　常用传感器的工作原理

2.1　电阻式传感器

电阻式传感器是一种将被测非电物理量(如位移、温度、湿度、光、热及应变等)的变化转化成导电材料的电阻值变化的装置。

根据物理学原理,导电材料的电阻不仅与材料的类型、几何尺寸有关,还与温度、湿度和变形等因素有关。不同导电材料,对同一非电物理量的敏感程度不同,甚至差别很大,因而利用某种导电材料的电阻具有对某一非电物理量较强的敏感特性,即可制成测量该物理量的电阻式传感器。

2.1.1　工作原理

电阻式传感器的基本原理是将被测物理量的变化转换成电阻值的变化,再经相应的测量电路和装置显示或记录被测量值的变化。根据被测量作用转换成电阻参数变化机理的不同,电阻式传感器可分为电位计式、应变计式、压阻式、光电阻式、热电阻式等。本节主要讨论电阻应变式传感器。

电阻应变式传感器是以金属应变片或半导体应变片为传感元件的传感器,具有精度高、测量范围大、使用寿命长、性能稳定可靠、结构简单、尺寸小、重量轻等优点,可在高低温、高速、高压、强烈振动、强磁场等恶劣环境下工作。这种传感器主要应用于对压力、重量、位移、加速度、扭矩、温度等工程量的测量,已成为目前应用最为广泛和最成熟的传感器之一。

1. 电阻应变片的工作原理

电阻应变式传感器简称电阻应变计,它是用高电阻率的细金属丝,绕成如图 2.1 所示的栅状敏感元件 1,用黏结剂牢固地粘在基底 2、4 之间,敏感元件两端焊上较粗的引线 3。当将电阻应变计用特殊胶剂粘在被测构件的表面上时,则敏感元件将随构件一起变形,其电阻值也将随之变化,而电阻的变化与构件的变形具有一定的线性关系,进而通过相应的二次仪表系统即可测得构件的形变。通过应变计在构件上的不同粘贴方式及不同的电路,即可测得应力、变形、扭矩等机械参数。

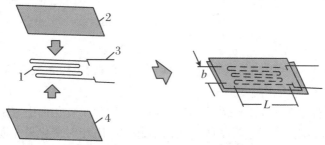

1.敏感元件；2、4.基底；3.引线

图 2.1　电阻应变计的组成

电阻应变片是一种能将被测试件上的应变变化转化成电阻变化的传感元件。它的物理原理基于电阻应变效应,即金属导体在外力作用下发生机械形变时,其电阻随着它的机械形变(拉伸或压缩)的变化而发生变化的现象。

若金属丝的长度为 l,截面积为 A,电阻率为 ρ,其未受力时的电阻为 R,则

$$R = \frac{\rho l}{A} \tag{2.1}$$

式中,R 为金属丝的电阻值,单位为 Ω；ρ 为金属丝的电阻率,单位为 mm^2/m；l 为金属丝的长度,单位为 m；A 为金属丝的截面积,单位为 mm^2。

当电阻丝受到外界一拉力 F 作用时,将伸长 Δl,横截面积相应减小 ΔA,电阻率因受材料晶格变形等因素影响而改变了 $\Delta \rho$,引起的电阻值变化量为 ΔR,对式(2.1)进行全微分,得到电阻的相对变化为：

$$\frac{\mathrm{d}R}{R} = \frac{\mathrm{d}l}{l} - \frac{\mathrm{d}A}{A} + \frac{\mathrm{d}\rho}{\rho} \tag{2.2}$$

式(2.2)中,用应变 ε 来表示表示电阻丝的长度相对变化量,则有：

$$\varepsilon = \frac{\mathrm{d}l}{l} \tag{2.3}$$

圆形电阻丝的相对变化量为 $\mathrm{d}A/A$,设电阻丝的半径为 r,则有 $A = \pi r^2$,等式两边同时微分后可得 $\mathrm{d}A = 2\pi r \mathrm{d}r$,整理可得：

$$\frac{\mathrm{d}A}{A} = 2\frac{\mathrm{d}r}{r} \tag{2.4}$$

根据材料力学原理可知,在弹性范围内,金属丝受拉力时,它将沿轴向伸长,沿径向收缩,令 $\mathrm{d}l/l = \varepsilon$ 为金属电阻丝的轴向应变,那么轴向应变和径向应变 $\mathrm{d}r/r$ 的关系可表示为：

$$\frac{\mathrm{d}r}{r} = -\mu \frac{\mathrm{d}l}{l} = -\mu\varepsilon \tag{2.5}$$

式(2.5)中负号表示应变方向相反,μ 为电阻丝材料的泊松比。将式(2.5)、式(2.3)带入式(2.2),可得:

$$\frac{\frac{\mathrm{d}R}{R}}{\varepsilon} = (1 + 2\mu) + \frac{\frac{\mathrm{d}\rho}{\rho}}{\varepsilon} \tag{2.6}$$

通常把单位应变引起的电阻值变化称为电阻丝的灵敏系数,其物理意义是单位应变所引起的电阻相对变化量。

式(2.6)右边前两项 $1+2\mu$ 表示因几何尺寸发生了变化而引起的电阻相对变化量,而第三项则是由于电阻率的变化而引起的电阻相对变化量。通常金属材料的 $1+2\mu$ 值要比 $(\mathrm{d}\rho/\rho)/\varepsilon$ 大得多,所以 $\mathrm{d}\rho/\rho$ 的影响可以忽略不计。

2. 半导体应变片的工作原理

半导体应变片的工作原理是基于半导体材料的压阻效应。压阻效应是指半导体材料的电阻率 ρ 随作用应力的变化而变化的现象。当半导体应变片受轴向力作用时,其电阻相对变化为:

$$\frac{\frac{\mathrm{d}R}{R}}{\varepsilon} = (1 + 2\mu) + \frac{\frac{\mathrm{d}\rho}{\rho}}{\varepsilon} \tag{2.7}$$

式中,$\mathrm{d}\rho/\rho$ 与半导体敏感元件在轴向所受的应变力有关,其关系为:

$$\frac{\mathrm{d}\rho}{\rho} = \pi\sigma = \pi E\varepsilon \tag{2.8}$$

式中,π 为半导体材料的压阻系数;σ 为半导体材料的所受应变力;E 为半导体材料的弹性模量;ε 为半导体材料的应变。

将式(2.8)代入式(2.7)中,得

$$\frac{\mathrm{d}R}{R} = (1 + 2\mu + \pi E)\varepsilon \tag{2.9}$$

实验证明,πE 比 $1+2\mu$ 大得多,所以 $1+2\mu$ 可以忽略,因而半导体应变片的灵敏系数为:

$$K = \frac{\frac{\mathrm{d}R}{R}}{\varepsilon} = \pi E \tag{2.10}$$

半导体应变片的灵敏系数比金属丝式高 $50\sim80$ 倍,但半导体材料的温度系数大,应变时非线性比较严重,使它的应用受到一定的限制。

2.1.2 电阻应变片的特性

金属电阻应变片的特性与使用的材料有关。电阻应变片具有横向效应、动态响应特性及温度效应等特点。电阻应变片在使用过程中,要正确了解它的特性和参数,否则会产生较大的测量误差,甚至得不到所需的测量结果。

1. 弹性敏感元件及其基本特性

弹性元件在应变片测量技术中占有极其重要的地位。主要是利用它把力、力矩或压力变换成相应的应变或位移,然后传递给粘贴在弹性元件上的应变片,通过应变片把产生的应变或位移转换成相应的电阻值。以下是弹性元件的基本特性。

(1) 刚度

刚度是用来表征弹性元件抵抗变形的能力,其定义是弹性元件产生单位形变所需要的力或力矩,用 C 表示,其数学表达式为:

$$C = \lim_{\Delta x \to 0} \frac{\Delta F}{\Delta x} = \frac{\mathrm{d}F}{\mathrm{d}x} \tag{2.11}$$

式中,F 为作用在弹性元件上的外力,单位为牛顿(N);x 为弹性元件所产生的变形,单位为毫米(mm)。

当弹性元件的特性曲线已知时,也可以通过弹性特性曲线来求得刚度。如求图 2.2 中所示的弹性特性曲线 1 上 A 点的刚度,可通过 A 点作曲线 1 的切线,该切线与水平夹角的正切就代表该弹性元件在 A 点处的刚度,即 $\tan\theta = \mathrm{d}F/\mathrm{d}x$。若弹性元件的特性是线性的,则其刚度是一个常数,即 $\tan\theta_0 = F/x = $ 常数,如图 2.2 中的直线 2 所示。

(2) 灵敏度

弹性元件的灵敏度通常用刚度的倒数来表示,一般用 S 表示,其表达式为:

$$S = \frac{1}{C} = \frac{\mathrm{d}x}{\mathrm{d}F} \tag{2.12}$$

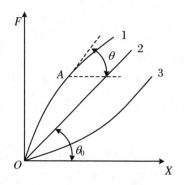

图 2.2 弹性特性曲线

从式(2.12)可以看出,灵敏度表征了弹性元件在单位力作用下产生变形的大小,灵敏度越大,表明弹性元件越软,应变越明显。与刚度相似,如果弹性特性是线性的,则灵敏度为一常数,若弹性特性是非线性的,则灵敏度为一变数,即表示此弹性元件在弹性变形范围内,各处由单位力产生的变形大小是不同的。

通常使用的弹性元件的材料为合金钢(40Cr、35CrMnSiA 等)、铍青铜(QBe2、

QBr2.5 等)、不锈钢(1Cr18Ni9Ti 等)。

传感器中弹性元件的输入量是力或压力,输出量是应变或位移。在力的变换中,弹性敏感元件通常有实心或空心圆柱体、等截面圆环、等截面或等强度悬臂梁等;变换压力的弹性敏感元件有弹簧管、膜片、膜盒、薄壁圆筒等。

2. 灵敏系数

当具有初始电阻值 R 的应变片粘贴于试件表面时,试件受力引起的表面应变将传递给应变片的敏感栅,使其产生电阻相对变化 $\Delta R/R$。理论和实验表明,在一定应变范围内 $\Delta R/R$ 有下列关系:

$$\frac{\Delta R}{R} = K\varepsilon_x \tag{2.13}$$

式中,ε_x 为应变片的轴向应变。

$K = (\Delta R/R)/\varepsilon_x$ 为应变片的灵敏系数。它表示:安装在被测试件上的应变片,在其轴向方向受到单向应力时,引起的电阻相对变化$(\Delta R/R)$与此单向应力引起的试件表面轴向应变(ε_x)之比。

必须指出:应变片的灵敏系数 K 并不等于其敏感栅整长应变丝的灵敏系数 K_0。一般情况下,$K < K_0$,这是因为:在单向应力产生应变时,K 除受到敏感栅结构形状、成型工艺、黏结剂和基底性能的影响,还受到栅端圆弧部分横向效应的影响。应变片的灵敏系数直接关系到应变测量的精度。因此,K 值通常通过从批量生产中每批抽样,在规定条件下进行实测来确定,应变片的灵敏系数称为标称灵敏系数。上述的规定条件是:① 试件材料取泊松比 $\mu_0 = 0.285$ 的钢材;② 试件单向受力;③ 应变片轴向与主应力方向一致。

3. 横向效应

金属应变片的敏感栅通常如图 2.3(a)所示,它由轴向纵栅和圆弧横栅两部分组成。由于试件承受单位应力 σ 时,其表面处于平面应变状态中,即轴向拉伸 ε_x 和横向收缩 ε_y。如图 2.3(b)所示,粘贴在试件表面上的应变片,其纵栅和横栅分别敏感 ε_x 和 ε_y,引起总的电阻相对变化为:

$$\frac{\Delta R}{R} = K_x\varepsilon_x + K_y\varepsilon_y$$
$$= K_x(1 + \alpha H)\varepsilon_x \tag{2.14}$$

式中,K_x 为纵向灵敏系数;K_y 为横向灵敏系数;$\alpha = \varepsilon_y/\varepsilon_x$ 为双向应变比;$H = K_y/K_x$ 为双向应变灵敏系数比。

在标定条件下,有 $\alpha = \varepsilon_x/\varepsilon_y = -\mu_0$,则

$$\frac{\Delta R}{R} = K_x(1 - \mu_0 H)\varepsilon_x = K\varepsilon_x \tag{2.15}$$

由式(2.15)可见,在单位应力、双向应变情况下,横向应变总是起着抵消纵向

应变的作用。应变片这种既敏感纵向应变,又同时受横向应变影响使其灵敏系数 K 较整长电阻丝的灵敏系数 K_0 小的现象称为应变片的横向效应。

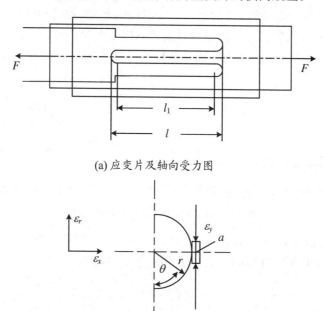

(a) 应变片及轴向受力图

(b) 应变片的横向效应图

图 2.3　应变片轴向受力及横向效应

为了减小横向效应产生的测量误差,现在一般多采用箔式应变片。

4. 绝缘电阻与最大工作电流

应变片绝缘电阻 R_m 指已粘贴的应变片的引线与被测试件之间的电阻值。通常要求 R_m 在 100 MΩ 以上。应变片安装之后,其绝缘电阻下降将使测量系统的灵敏度降低,使应变片的指示应变产生误差。R_m 的大小取决于黏结剂及基底材料的种类及固化工艺。在常温使用条件下要采取必要的防潮措施,而在中温或高温条件下,要注意选取电绝缘性能良好的黏结剂和基底材料。

应变片的最大工作电流是指已安装的应变片允许通过敏感栅而不影响其工作特性的最大电流 I_{max}。工作电流越大,应变片输出信号也越大,灵敏度就越高。但工作电流过大会使应变片过热,灵敏系数产生变化,零漂及蠕变增加,甚至烧毁应变片。工作电流的选取要根据试件的导热性能及敏感栅形状和尺寸来决定。通常静态测量时取 25 mA 左右,动态测量时可取 75~100 mA。箔式应变片散热条件好,电流可取得更大一些。在测量塑料、玻璃、陶瓷等导热性差的材料时,电流可取得小一些。

5. 应变片的动态响应特性

实验表明,机械应变波是以相同于声波的形式和速度在材料中传播的,对于钢材 $v \approx 5\,000$ m/s。当应变波依次通过一定厚度的基底、胶层和栅长而为应变片所响应时,就会有时间的滞后。应变片的这种响应滞后对动态(高频)应变测量会产生一定的误差。应变片的动态特性是指应变片感受随时间变化的应变时的响应特性。

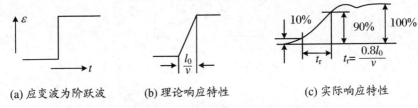

(a) 应变波为阶跃波　　(b) 理论响应特性　　(c) 实际响应特性

图 2.4　应变片对阶跃应变的响应特性

图 2.4 所示为应变片对阶跃应变的响应特性。由图可以看出上升时间 t_r(应变输出从 10% 上升到 90% 的最大值所需时间)可表示为:

$$t_r = 0.8 \cdot \frac{l_0}{v} \tag{2.16}$$

式中,l_0 为应变片基长;v 为应变波速。若取 $l_0 = 20$ mm,$v = 5\,000$ m/s,则 $t_r = 3.2 \times 10^{-6}$ s。

当测量按正弦规律变化的应变波时,由于应变片对正弦波的响应是在其栅长范围内所感受到应变量的平均值,因此响应波的幅值将低于真实应变波,从而产生误差。显然这种误差将随应变片基长的增加而增大。图 2.5 所示为应变片处于应变波达到最大幅值时的瞬时情况,此时

$$x_1 = \frac{\lambda}{4} - \frac{l_0}{2}$$

$$x_2 = \frac{\lambda}{4} + \frac{l_0}{2}$$

则基长 l_0 内的平均应变 ε_p 的最大值为:

$$\varepsilon_p = \frac{\int_{x_1}^{x_2} \varepsilon_0 \sin \frac{2\pi}{\lambda} x \, dx}{x_2 - x_1} = \frac{\lambda \varepsilon_0}{\pi l_0} \sin \frac{\pi l_0}{\lambda} \tag{2.17}$$

式中,l_0 为应变片长度,因而应变波幅测量的相对误差 e 为:

$$e = \left| \frac{\varepsilon_p - \varepsilon_0}{\varepsilon_0} \right| = \frac{\lambda}{\pi l_0} \sin \frac{\pi l_0}{\lambda} - 1 \tag{2.18}$$

由式(2.18)可以看出,测量误差 e 与比值 $n = \lambda / l_0$ 有关。n 值愈大,误差 e 愈小。一般可取 $n = 10 \sim 20$,其对应的误差小于 0.4% $\sim$ 1.6%。

6. 应变片的温度误差及补偿

(1) 应变片的温度误差

通常应变片的主要工作特性及其性能检定,都是以室温恒定为前提的。实际测量时,应变片的工作温度可能偏离室温,甚至超出常温范围,致使应变片的工作特性发生变化,这种由测量现场环境温度变化给测量带来的附加误差,称为应变片的温度误差,又叫应变片的热输出。

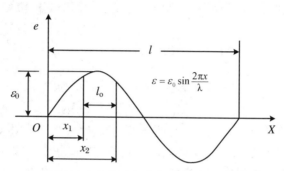

图 2.5　应变片对正弦应变波的响应特性

产生应变片温度误差的主要因素有两个:其一,由于电阻丝温度系数的存在,当温度改变时,应变片自身的标称电阻值发生变化;其二,当试件与电阻丝材料的线膨胀系数不同时,温度改变将引起附加变形,使应变片产生附加电阻。

① 电阻温度系数的影响。

敏感栅的电阻丝阻值随温度变化的关系可用下式表示:

$$R_t = R_0(1 + \alpha_0 \Delta t) \tag{2.19}$$

式中,R_t 为温度为 t 时的电阻值;R_0 为温度为 t_0 时的电阻值;α_0 为温度为 t_0 时金属丝的电阻温度系数;Δt 为温度变化值,$\Delta t = t - t_0$。

当温度变化 Δt 时,电阻丝电阻的变化值为:

$$\Delta R_\alpha = R_t - R_0 = R_0 \alpha_0 \Delta t \tag{2.20}$$

② 试件材料和电阻丝材料的线膨胀系数的影响。

当试件与电阻丝材料的线膨胀系数相同时,不论环境温度如何变化,电阻丝的变形仍和自由状态一样,不会产生附加变形。

当试件与电阻丝材料的线膨胀系数不同时,由于环境温度的变化,电阻丝会产生附加变形,从而产生附加电阻变化。

设电阻丝和试件在温度为 0℃时的长度均为 l_0,它们的线膨胀系数分别为 β_s 和 β_g,若两者不粘贴,则它们的长度分别为:

$$\left. \begin{array}{l} I_s = l_0(1 + \beta_s \Delta t) \\ I_g = l_0(1 + \beta_g \Delta t) \end{array} \right\} \tag{2.21}$$

当两者粘贴在一起时,电阻丝产生的附加变形 Δl、附加应变 ε_β 和附加电阻变化 ΔR_β 分别为:

$$\left.\begin{array}{l}\Delta l = l_g - l_s = (\beta_g - \beta_s)l_0\Delta t \\[2mm] \varepsilon_\beta = \dfrac{\Delta l}{l_0} = (\beta_g - \beta_s)\Delta t \\[2mm] \Delta R_\beta = K_0 R_0 \varepsilon_\beta = K_0 R_0 (\beta_g - \beta_s)\Delta t\end{array}\right\} \tag{2.22}$$

由式(2.21)和式(2.22)可以得到由于温度变化而引起的应变片总电阻相对变化量:

$$\begin{aligned}\frac{\Delta R_t}{R_0} &= \frac{\Delta R_\alpha + \Delta R_\beta}{R_0} \\[2mm] &= \alpha_0\Delta t + K_0(\beta_g - \beta_s)\Delta t \\[2mm] &= [\alpha_0 + K_0(\beta_g - \beta_s)]\Delta t\end{aligned} \tag{2.23}$$

因环境温度变化而引起的附加电阻的相对变化量,除了与环境温度有关外,还与应变片自身的性能参数 (K_0, α_0, β_s) 以及被测试件线膨胀系数 β_g 有关。

(2) 电阻应变片的温度补偿方法

电阻应变片的温度补偿方法通常有线路补偿和应变片自补偿两大类。

① 线路补偿法。

电桥补偿是最常用且效果较好的线路补偿。图 2.6(a)所示为电桥补偿法的原理图。电桥输出电压 U_o 与桥臂参数的关系为:

$$U_o = A(R_1 R_4 - R_B R_3) \tag{2.24}$$

式中,A 为由桥臂电阻和电源电压决定的常数。

由式(2.24)可知,当 R_3 和 R_4 为常数时,R_1 和 R_B 对电桥输出电压 U_o 的作用方向相反。利用这一基本关系可实现对温度的补偿。

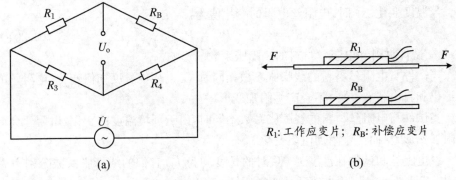

R_1: 工作应变片；R_B: 补偿应变片

(a)　　　　　　　　　　　　　　(b)

图 2.6　电桥补偿法

测量应变时,工作应变片 R_1 粘贴在被测试件表面上,补偿应变片 R_B 粘贴在与被测试件材料完全相同的补偿块上，且仅工作应变片承受应变，如图 2.6(b)所示。

当被测试件不承受应变时，R_1 和 R_B 又处于同一环境温度为 t 的温度场中，调整电桥参数使之达到平衡(工程上，一般按 $R_1 = R_B = R_3 = R_4$ 选取桥臂电阻)，此时有

$$U_o = A(R_1 R_4 - R_B R_3) = 0 \qquad (2.25)$$

当温度升高或降低 $\Delta t = t - t_0$ 时，两个应变片因温度而引起的电阻变化量相等，电桥仍处于平衡状态，即：

$$U_o = A[(R_1 + \Delta R_{1t})R_4 - (R_B + \Delta R_{Bt})R_3] = 0 \qquad (2.26)$$

若此时被测试件有应变 ε 的作用，则工作应变片电阻 R_1 又有新的增量 $\Delta R_1 = R_1 K \varepsilon$，而补偿片因不承受应变，故不产生新的增量，此时电桥输出电压为：

$$U_o = A R_1 R_4 K \varepsilon \qquad (2.27)$$

由式(2.27)可知，电桥的输出电压 U_o 仅与被测试件的应变 ε 有关，而与环境温度无关。

应当指出，若要实现完全补偿，上述分析过程必须满足以下 4 个条件：

a. 在应变片工作过程中，保证 $R_3 = R_4$。

b. R_1 和 R_B 两个应变片应具有相同的电阻温度系数 α、线膨胀系数 β、应变灵敏度系数 K 和初始电阻值 R_0。

c. 粘贴补偿片的补偿块材料和粘贴工作片的被测试件材料必须一样，两者线膨胀系数相同。

d. 两应变片应处于同一温度场。

上述补偿方法的优点是：简单易行，且能在较大的温度范围内进行补偿；其缺点是上述条件很难完全满足，尤其是第四个条件，在测试环境温度梯度变化较大的情况下，R_1 和 R_n 很难处于同一温度场。

② 应变片的自补偿法。

这种自补偿法是利用自身具有温度补偿作用的应变片(称之为温度自补偿应变片)来补偿的。根据温度自补偿应变片的工作原理，可由式(2.23)得出，要实现温度自补偿，必须有：

$$\alpha_0 = -K_0(\beta_g - \beta_s) \qquad (2.28)$$

上式表明，当被测试件的线膨胀系数 β_g 已知时，如果合理选择敏感栅材料，即其电阻温度系数 α_0、灵敏系数 K_0 以及线膨胀系数 β_s，满足式(2.28)，则不论温度如何变化，均有 $\Delta R_t / R_0 = 0$，从而达到温度自补偿的目的。

2.1.3　电阻应变片的测量电路

电阻应变片把机械应变信号转换为 $\Delta R / R$ 后，由于应变量及其应变电阻变化

一般都很微小,难以直接精确测量,且不便直接处理。因此必须采用转换电路(即测量电路)把应变片的 $\Delta R/R$ 转换成电压或电流的变化。工程上通常采用的测量电路有直流电桥和交流电桥电路两种。

1. 直流电桥

(1) 直流电桥平衡条件

直流电桥电路如图 2.7 所示,E 为电源电压,R_1、R_2、R_3 及 R_4 为桥臂电阻,R_L 为负载电阻。

当 $R_L \to \infty$ 时,电桥输出电压为:

$$U_o = E\left(\frac{R_1}{R_1 + R_2} - \frac{R_3}{R_3 + R_4}\right) \qquad (2.28)$$

$U_o = 0$ 时,称为电桥平衡,平衡条件为:

$$R_1 R_4 = R_2 R_3$$

或

$$\frac{R_1}{R_2} = \frac{R_3}{R_4} \qquad (2.29)$$

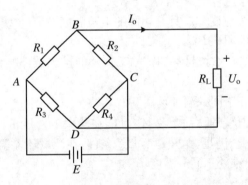

图 2.7 直流电桥

(2) 不平衡电桥的工作原理:电压灵敏度

若将电阻应变片 R_1 接入电桥臂,R_2、R_3 及 R_4 为电桥的固定电阻,这就构成了单臂电桥。应变片工作时,其电阻值变化很小,电桥相应输出电压也很小,一般需要加入放大器进行放大。由于放大器的输入阻抗比桥路输出阻抗高很多,所以此时仍视电桥为开路情况。当受应变时,若应变片电阻变化为 ΔR_1,其他桥臂固定不变,电桥输出电压 $U_o \neq 0$,则电桥不平衡,输出电压为:

$$U_o = E\left(\frac{R_1 + \Delta R_1}{R_1 + \Delta R_1 + R_2} - \frac{R_3}{R_3 + R_4}\right)$$

$$= E\frac{\Delta R_1 R_4}{(R_1 + \Delta R_1 + R_2)(R_3 + R_4)}$$

$$= E \frac{\dfrac{R_4}{R_3} \dfrac{\Delta R_1}{R_1}}{\left(1 + \dfrac{\Delta R_1}{R_1} + \dfrac{R_2}{R_1}\right)\left(1 + \dfrac{R_4}{R_3}\right)} \tag{2.30}$$

假设 $n = R_2/R_1$，考虑到平衡条件 $R_2/R_1 = R_4/R_3$，由于 $\Delta R_1 \ll R_1$，分母中的"微小项" $\Delta R_1/R_1$ 可忽略，则式(2.30)可写为：

$$U_o = \frac{n}{(1+n)^2} \frac{\Delta R_1}{R_1} E \tag{2.31}$$

我们把电桥的输出电压 U_o 与应变电阻的相对变化 $\Delta R_1/R_1$ 之比，定义为电压灵敏度，用符号 K_U 表示，则

$$K_U = \frac{U_o}{\dfrac{\Delta R_1}{R_1}} = \frac{n}{(1+n)^2} E \tag{2.32}$$

从电压灵敏度的公式分析可以看出：

① 电桥电压灵敏度正比于电桥供电电压，供电电压越高，电桥电压灵敏度越高，但供电电压的提高受到应变片允许功耗的限制，所以要作适当选择；

② 电桥电压灵敏度是桥臂电阻比值 n 的函数，恰当地选择桥臂比 n 的值，保证电桥具有较高的电压灵敏度。

当 E 值确定后，n 取何值时才能使 K_U 最高。

由 $\mathrm{d}K_U/\mathrm{d}n = 0$ 求 K_U 的最大值，得：

$$\frac{\mathrm{d}K_U}{\mathrm{d}n} = \frac{1-n^2}{(1+n)^3} = 0 \tag{2.33}$$

求得 $n = 1$ 时，K_U 为最大值。这就是说，在供桥电压确定后，当 $R_1 = R_2 = R_3 = R_4$ 时，电桥电压灵敏度最高，此时有：

$$\left.\begin{array}{l} U_o = \dfrac{E}{4} \dfrac{\Delta R_1}{R_1} \\[3mm] K_U = \dfrac{E}{4} \end{array}\right\} \tag{2.34}$$

从上述可知，当电源电压 E 和电阻相对变化量 $\Delta R_1/R_1$ 一定时，电桥的输出电压及其灵敏度也是定值，且与各桥臂电阻阻值大小无关。

(3) 非线性误差及其补偿方法

式(2.31)是略去分母中的 $\Delta R_1/R_1$ 项，电桥输出电压与电阻相对变化成正比的理想情况下得到的，实际情况则应按下式计算，即

$$U_o' = E \frac{n \dfrac{\Delta R_1}{R_1}}{\left(1 + n + \dfrac{\Delta R_1}{R_1}\right)(1+n)} \tag{2.35}$$

U'_o 与 $\Delta R_1/R_1$ 的关系是非线性的,非线性误差为:

$$\gamma_L = \frac{U_o - U'_o}{U_o} = \frac{\dfrac{\Delta R_1}{R_1}}{1 + n + \dfrac{\Delta R_1}{R_1}} \qquad (2.36)$$

如果是四等臂电桥,$R_1 = R_2 = R_3 = R_4$,即 $n = 1$,则

$$\gamma_L = \frac{\dfrac{\Delta R_1}{2R_1}}{1 + \dfrac{\Delta R_1}{2R_1}} \qquad (2.37)$$

对于一般应变片来讲,所受应变 ε 通常在 5 000 μ 以下,若取 $K_U = 2$,则 $\Delta R_1/R_1 = K_{U}\varepsilon = 0.01$,代入式(2.37)计算得非线性误差为 0.5%;若 $K_U = 130$,$\varepsilon = 1 000 \mu$,则 $\Delta R_1/R_1 = 0.130$,得到非线性误差为 6%,故当非线性误差不能满足测量要求时,必须予以消除。

采用差动电桥可以消除非线性误差,如图 2.8 所示,在试件上安装两个工作应变片,一个受拉应变,一个受压应变,它们阻值变化大小相同,符号相反,工作时将两个应变片接入电桥相邻桥臂,称为半桥差动电路,如图 2.8(a)所示。该电桥输出电压为:

$$U_o = E\left(\frac{\Delta R_1 + R_1}{\Delta R_1 + R_1 + R_2 - \Delta R_2} - \frac{R_3}{R_3 + R_4}\right) \qquad (2.38)$$

若 $\Delta R_1 = \Delta R_2$,$R_1 = R_2$,$R_3 = R_4$,则得:

$$U_o = \frac{E}{2}\frac{\Delta R_1}{R_1} \qquad (2.39)$$

由式(2.39)可知,U_o 与 $\Delta R_1/R_1$ 呈线性关系,差动电桥无非线性误差,而且电桥电压灵敏度 $K_U = E/2$,是单臂工作时的两倍,同时还具有温度补偿作用。

若将电桥四臂接入四片应变片,如图 2.8(b)所示,即两个受拉应变,两个受压应变,将两个应变符号相同的接入相对桥臂上,构成全桥差动电路。若 $\Delta R_1 = \Delta R_2 = \Delta R_3 = \Delta R_4$,且 $R_1 = R_2 = R_3 = R_4$,则

$$\left.\begin{array}{l} U_o = E\dfrac{\Delta R_1}{R_1} \\[2mm] K_U = E \end{array}\right\} \qquad (2.40)$$

此时全桥差动电路不仅没有非线性误差,而且电压灵敏度为单片工作时的 4 倍,同时仍具有温度补偿作用。

2. 交流电桥

根据直流电桥分析可知,由于应变电桥输出电压很小,一般都要加放大器,而直流放大器易产生零漂,因此应变电桥多采用交流电桥。

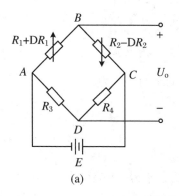
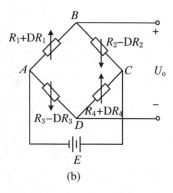

(a)　　　　　　　　　　(b)

图 2.8　差动电桥

图 2.9 为半桥差动交流电桥的一般形式，$\dot{U}$ 为交流电压源，由于供桥电源为交流电源，引线分布电容使得二桥臂应变片呈现复阻抗特性，即相当于两只应变片各并联了一个电容，则每一桥臂上复阻抗分别为：

$$\left.\begin{aligned} Z_1 &= \frac{R_1}{1 + \mathrm{j}\omega R_1 C_1} \\ Z_2 &= \frac{R_2}{1 + \mathrm{j}\omega R_2 C_2} \\ Z_3 &= R_3 \\ Z_4 &= R_4 \end{aligned}\right\} \tag{2.41}$$

式中，C_1、C_2 表示应变片引线分布电容。

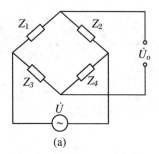
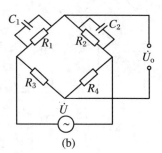

(a)　　　　　　　　　　(b)

图 2.9　交流电桥

由交流电路分析可得：

$$\dot{U}_o = \dot{U}\,\frac{Z_1 Z_4 - Z_2 Z_3}{(Z_1 + Z_2)(Z_3 + Z_4)} \tag{2.42}$$

要满足电桥平衡条件，即 $U_o = 0$，则有 $Z_1 Z_4 = Z_2 Z_3$。取 $Z_1 = Z_2 = Z_3 = Z_4$，可得：

$$\frac{R_1}{1 + j\omega R_1 C_1} R_4 = \frac{R_2}{1 + j\omega R_2 C_2} R_3 \qquad (2.43)$$

$$\frac{R_3}{R_1} + j\omega R_3 C_1 = \frac{R_4}{R_2} + j\omega R_4 C_2 \qquad (2.44)$$

其实部、虚部分别相等,并整理可得交流电桥的平衡条件为:

$$\left.\begin{array}{l} \dfrac{R_2}{R_1} = \dfrac{R_4}{R_3} \\[2mm] \dfrac{R_2}{R_1} = \dfrac{C_1}{C_2} \end{array}\right\}$$

对于交流电容电桥,除了要满足电阻平衡条件外,还必须满足电容平衡条件。为此在桥上除设有电阻平衡调节外,还设有电容平衡调节。电桥平衡调节电路如图 2.10 所示。

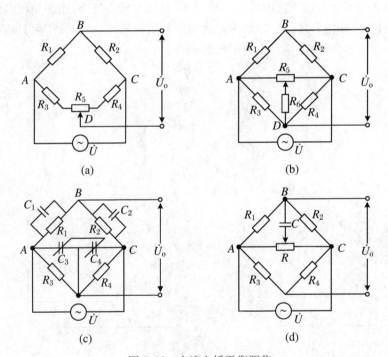

图 2.10　交流电桥平衡调节

2.1.4　电阻应变式传感器的应用

电阻应变式传感器是以电阻应变片为转换元件的电阻式传感器。电阻应变式传感器由弹性敏感元件、电阻应变片、补偿电阻以及外壳组成,可根据具体测量要求设计成多种结构形式。弹性敏感元件受到所测量的力而产生变形,并使附着其上的电阻应变片一起变形,电阻应变片再将变形转换为电阻值变化,从而可以测量力、压力、扭矩、位移、加速度和温度等多种物理量。

1. 应变式力传感器

被测物理量为荷重或力的应变式传感器时,统称为应变式力传感器。对于这类应变式力传感器要求有较高的灵敏度和稳定性,当传感器在受到侧向作用力或力的作用点少量变化时,不应对输出有明显的影响。主要用于各种电子秤与材料试验机的测力元件、发动机的推力测试、水坝坝体承载状况监测等。

(1) 柱(筒)式力传感器

图 2.11(a)、(b)所示分别为柱式、筒式力传感器,应变片粘贴在弹性体外壁应力分布均匀的中间部分,对称地粘贴多片,电桥连线时考虑尽量减小载荷偏心和弯矩影响,贴片在圆柱面上的展开位置及其在桥路中的连接如图 2.11(c)、(d)所示,R_1 和 R_3 串接,R_2 和 R_4 串接,并置于桥路对臂上,以减小弯矩影响,横向贴片 R_5 和 R_7 串接,R_6 和 R_8 串接,作温度补偿用,接于另两个桥臂上。

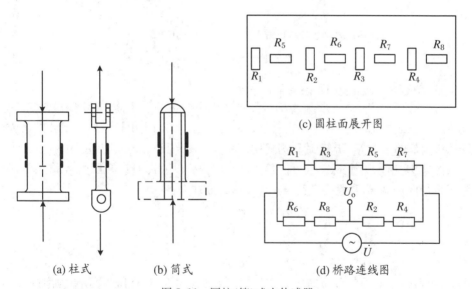

图 2.11　圆柱(筒)式力传感器

(2) 环式力传感器

图 2.12(a)所示为环式力传感器结构图。与柱式相比,其应力分布变化较大,且有正有负。

对 $R/h>5$ 的小曲率圆环,可用式(2.45)计算出 A、B 两点的应变。

$$\left.\begin{array}{l} \varepsilon_A = -\dfrac{1.09FR}{bh^2E} \\[3mm] \varepsilon_B = \dfrac{1.91FR}{bh^2E} \end{array}\right\} \qquad (2.45)$$

式中,h 为圆环厚度;b 为圆环宽度;E 为材料弹性模量。这样,可测出 A、B 处的应变,即可得到载荷 F。

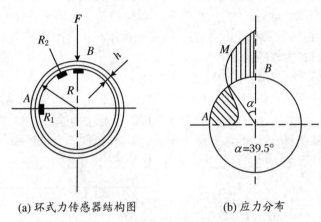

(a) 环式力传感器结构图　　　　　　　(b) 应力分布

图 2.12　环式力传感器

2. 应变式压力传感器

应变式压力传感器是将压力信号转换成电阻变化的传感器。可用来测量液体、气体的动态或静态压力,如内燃机管道和动力管道设备的进出口气体或液体的压力、发动机内部的压力等。应变片压力传感器大多采用平膜式、筒式与组合性弹性元件。

图 2.13 所示为平膜式压力传感器,应变片贴在膜片内壁,在压力 p 作用下,膜片产生径向应变 ε_r 和切向应变 ε_t,其表达式分别为:

$$\left.\begin{array}{l} \varepsilon_r = \dfrac{3p(1-\mu^2)(R^2-3x^2)}{8h^2E} \\[3mm] \varepsilon_t = \dfrac{3p(1-\mu^2)(R^2-x^2)}{8h^2E} \end{array}\right\} \qquad (2.46)$$

式中,p 为膜片上均匀分布的压力的位;R,h 为膜片的半径和厚度;x 为离圆心的径向距离。

由应力分布图(图 2.13)可知,膜片弹性元件承受压力 p 时,其应变变化曲线的特点为:当 $x=0$ 时,$\varepsilon_{rmax}=\varepsilon_{tmax}$;当 $x=R$ 时,$\varepsilon_t=0$,$\varepsilon_r=-2\varepsilon_{rmax}$。

根据以上特点,一般在平膜片圆心处切向粘贴 R_1、R_4 两个应变片,在边缘处沿径向粘贴 R_2、R_3 两个应变片,然后接成全桥测量电路。

3. 应变式容器内液体重量传感器

图 2.14 所示是插入式测量容器内液体重量的传感器示意图。该传感器有一

根传压杆,上端安装微压传感器,为了提高灵敏度,共安装了两只。下端安装感压膜,感压膜感受上面液体的压力。当容器中溶液增多时,感压膜感受的压力就增大。将其上两个传感器 R_t 的电桥接成正向串接的双电桥电路,此时输出电压为:

$$U_o = U_1 - U_2 = (K_1 - K_2)h\rho g \tag{2.47}$$

式中,K_1,K_2 为传感器传输系数。由于 $h\rho g$ 表征着感压膜上面液体的重量,对于等截面的柱式容器,有:

$$h\rho g = \frac{Q}{A} \tag{2.48}$$

式中,Q 为容器内感压膜上面溶液的重量;A 为柱形容器的截面积。

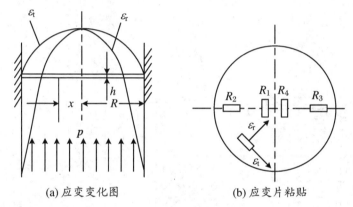

(a) 应变变化图　　　　　　　(b) 应变片粘贴

图 2.13　膜片式压力传感器

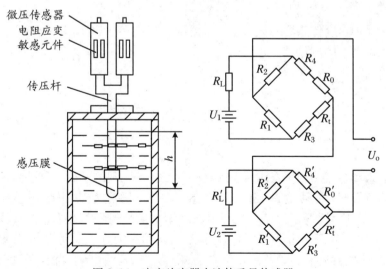

图 2.14　应变片容器内液体重量传感器

将式(2.47)与式(2.48)联立,得到容器内感压膜上面溶液重量与电桥输出电压之间的关系式为:

$$U_。 = \frac{(K_1 - K_2)Q}{A} \tag{2.49}$$

式(2.49)表明,电桥输出电压与柱式容器内感压膜上面溶液的重量呈线性关系,因此用此种方法可以测量容器内储存的溶液重量。

4. 应变式加速度传感器

应变式加速度传感器原理图如图 2.15 所示,图中 1 是等强度梁,自由端安装质量块 2,另一端固定在壳体 3 上。等强度梁上粘贴 4 个电阻应变敏感元件 4。测量时,基座固定在被测对象上,当被测对象以加速度 a 运动时,质量块受到一个与加速度方向相反的惯性力而使强度梁变形,应变片产生与加速度成正比例的应变值。

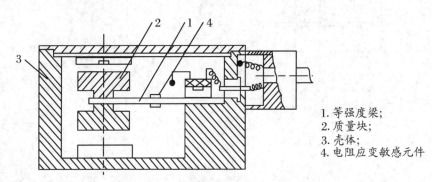

1. 等强度梁;
2. 质量块;
3. 壳体;
4. 电阻应变敏感元件

图 2.15　电阻应变式加速度传感器结构图

应变式加速度传感器的缺点是频率范围有限,一般不适用于对高频、冲击以及宽带随机振动等的测量。

2.2　电感式传感器

电感式传感器是利用线圈自感或互感的变化来实现测量的一种装置。电感式传感器的核心部分是可变自感或可变互感。在被测量转换成线圈自感或互感的变化时,一般要利用磁场作为媒介或利用铁磁体的某些现象。电感式传感器具有结构简单、工作可靠、测量精度高、零点稳定和输出功率大等一系列优点,其主要缺点是其灵敏度、线性度和测量范围相互制约;传感器自身频率响应低,不适于快速动态测量,对传感器线圈供电的频率和振幅的稳定性要求较高。

电感式传感器按其原理可分为自感式(电感式)、互感式(差动变压器式)及电涡流式三大类。

2.2.1 自感式传感器

1. 自感式传感器工作原理

自感式传感器是利用线圈自感量的变化来实现测量的。图 2.16 所示是自感式传感器的原理结构图,这种传感器又被称为变磁阻式传感器,它由线圈、铁芯和衔铁三部分组成。铁芯和衔铁由磁导材料如硅钢片或铁镍合金制成,在铁芯和衔铁之间有气隙,气隙厚度为 δ,传感器的运动部分与衔铁相连。当衔铁移动时,气隙厚度 δ 发生改变,引起磁路中磁阻变化,从而导致电感线圈的电感值变化,因此只要能测出这种电感量的变化,就能确定衔铁位移量的大小和方向。

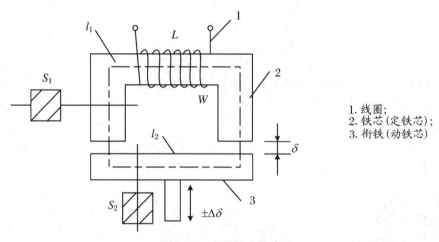

1.线圈;
2.铁芯(定铁芯);
3.衔铁(动铁芯)

图 2.16 变磁阻式传感器

根据对电感的定义,线圈中电感量可由下式确定:

$$L = \frac{\Psi}{I} = \frac{W\Phi}{I} \tag{2.50}$$

式中,Ψ 为线圈总磁链;I 为通过线圈的电流;W 为线圈的匝数;Φ 为穿过线圈的磁通。

由磁路欧姆定律,有:

$$\Phi = \frac{IW}{R_{\mathrm{m}}} \tag{2.51}$$

式中,R_{m} 为磁路总磁阻。

对于变隙式传感器,因为气隙很小,所以可以认为气隙中的磁场是均匀的。若

忽略磁路磁损,则磁路总磁阻为:

$$R_\mathrm{m} = \frac{l_1}{\mu_1 S_1} + \frac{l_2}{\mu_2 S_2} + \frac{2\delta}{\mu_0 S_0} \tag{2.52}$$

式中,μ_1 为铁芯材料的磁导率;μ_2 为衔铁材料的磁导率;l_1 为磁通通过铁芯的长度;l_2 为磁通通过衔铁的长度;S_1 为铁芯的截面积;S_2 为衔铁的截面积;μ_0 为空气的磁导率;S_0 为气隙的截面积;δ 为气隙的厚度。

通常气隙磁阻远大于铁芯和衔铁的磁阻,即

$$\left.\begin{array}{l} \dfrac{2\delta}{\mu_0 S_0} \gg \dfrac{l_1}{\mu_1 S_1} \\[3mm] \dfrac{2\delta}{\mu_0 S_0} \gg \dfrac{l_2}{\mu_2 S_2} \end{array}\right\} \tag{2.53}$$

则式(2.52)可近似为:

$$R_\mathrm{m} = \frac{2\delta}{\mu_0 S_0} \tag{2.54}$$

联立式(2.50)、式(2.51)及式(2.54),可得:

$$L = \frac{W^2}{R_\mathrm{m}} = \frac{W^2 \mu_0 S_0}{2\delta} \tag{2.55}$$

式(2.55)表明,电感值与线圈匝数平方成正比;与气隙有效截面积 S_0 成正比;与气隙长度 δ 成反比。

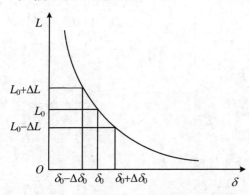

图 2.17　变隙式电压传感器的 L-δ 特性

2. 输出特性

由式(2.55)可知 L 与 δ 之间是非线性关系,其特性曲线如图 2.17 所示。设电感传感器初始气隙为 δ_0,初始电感量为 L_0,衔铁位移引起的气隙变化量为 $\Delta\delta$,当衔铁处于初始位置时,初始电感量为:

$$L_0 = \frac{\mu_0 S_0 W^2}{2\delta_0} \tag{2.56}$$

当衔铁上移 $\Delta\delta$ 时,传感器气隙减小 $\Delta\delta$,即 $\delta = \delta_0 - \Delta\delta$,则此时输出电感为 $L = L_0 + \Delta L$,代入式(2.55)并整理,得:

$$L = L_0 + \Delta L = \frac{W^2 \mu_0 S_0}{2(\delta_0 - \Delta\delta)}$$

$$= \frac{L_0}{1 - \dfrac{\Delta\delta}{\delta_0}} \tag{2.57}$$

当 $\Delta\delta/\delta_0 \ll 1$ 时,可将上式用台劳级数展开成如下的级数形式:

$$L = L_0 + \Delta L$$

$$= L_0 \left[1 + \frac{\Delta\delta}{\delta_0} + \left(\frac{\Delta\delta}{\delta_0} \right)^2 + \left(\frac{\Delta\delta}{\delta_0} \right)^3 + \cdots \right] \tag{2.58}$$

由上式可求得 ΔL 及 $\Delta L/L_0$ 的表达式如下:

$$\left. \begin{aligned} \Delta L &= L_0 \frac{\Delta\delta}{\delta_0} \left[1 + \frac{\Delta\delta}{\delta_0} + \left(\frac{\Delta\delta}{\delta_0} \right)^2 + \cdots \right] \\ \frac{\Delta L}{L_0} &= \frac{\Delta\delta}{\delta_0} \left[1 + \frac{\Delta\delta}{\delta_0} + \left(\frac{\Delta\delta}{\delta_0} \right)^2 + \cdots \right] \end{aligned} \right\} \tag{2.59}$$

同理,当衔铁随被测体的初始位置向下移动 $\Delta\delta$ 时,有:

$$\left. \begin{aligned} \Delta L &= L_0 \frac{\Delta\delta}{\delta_0} \left[1 - \frac{\Delta\delta}{\delta_0} + \left(\frac{\Delta\delta}{\delta_0} \right)^2 - \left(\frac{\Delta\delta}{\delta_0} \right)^3 + \cdots \right] \\ \frac{\Delta L}{L_0} &= \frac{\Delta\delta}{\delta_0} \left[1 - \frac{\Delta\delta}{\delta_0} + \left(\frac{\Delta\delta}{\delta_0} \right)^2 - \left(\frac{\Delta\delta}{\delta_0} \right)^3 + \cdots \right] \end{aligned} \right\} \tag{2.60}$$

对式(2.59)、式(2.60)作线性处理,即忽略高次项后,可得:

$$\frac{\Delta L}{L_0} = \frac{\Delta\delta}{\delta_0} \tag{2.61}$$

则其灵敏度为:

$$K_0 = \frac{\dfrac{\Delta L}{L_0}}{\Delta\delta} = \frac{1}{\delta_0} \tag{2.62}$$

由此可见,变间隙式电感传感器的测量范围与灵敏度及线性度相矛盾,因此变隙式电感式传感器适用于测量微小位移的场合。为了减小非线性误差,实际测量中广泛采用差动变隙式电感传感器。

图 2.18 所示为差动变隙式电感传感器原理结构图,差动变间隙式电感传感器

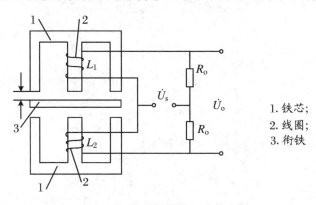

图 2.18　差动变隙式电感传感器

由两个完全相同的电感线圈合用一个衔铁和相应磁路组成。测量时,衔铁与被测件相连,当被测件上下移动时,带动衔铁也以相同的位移上下移动,导致一个线圈的电感量增加,另一个线圈的电感量减少,形成差动形式,差动变间隙式电感传感器与单极式电感传感器相比较,非线性大大减少,灵敏度也提高了。

3. 测量电路

在工程技术中,经常使用电感式传感器来测量位移、尺寸、振动、力、压力、转矩、应变、流量、比重等非电量。自感式电感传感器的测量电路有交流电桥式和谐振式等。

(1) 自感式传感器的等效电路

从电路角度看,电感式传感器的线圈并非是纯电感,该电感由有功分量和无功分量两部分组成。有功分量包括:线圈线绕电阻、涡流损耗电阻及磁滞损耗电阻,这些都可折合成为有功电阻,其总电阻可用 R 来表示;无功分量包含:线圈的自感 L、绕线间分布电容(为简便起见可视为集中参数,用 C 来表示)。于是可得到电感式传感器的等效电路如图 2.19 所示。

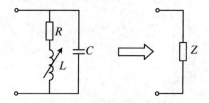

图 2.19　电感式传感器的等效电路

L 为线圈的自感,R 为折合有功电阻的总电阻,C 为并联寄生电容。图 2.19 所示的等效线圈阻抗为:

$$Z = \frac{(R + \mathrm{j}\omega L)\left(\dfrac{-\mathrm{j}}{\omega C}\right)}{R + \mathrm{j}\omega L - \dfrac{\mathrm{j}}{\omega C}} \tag{2.63}$$

将上式整理并结合品质因数 $Q = \omega L / R$,可得:

$$Z = \frac{R}{(1 - \omega^2 LC)^2 + \left(\dfrac{\omega^2 LC}{Q}\right)^2} + \frac{\mathrm{j}\omega L \left(1 - \omega^2 LC - \dfrac{\omega^2 LC}{Q^2}\right)}{(1 - \omega^2 LC)^2 + \left(\dfrac{\omega^2 LC}{Q}\right)^2} \tag{2.64}$$

当 $Q \gg \omega^2 LC$ 且 $\omega^2 LC \ll 1$ 时,上式可近似为:

$$Z = \frac{R}{(1 - \omega^2 LC)^2} \tag{2.65}$$

令

$$L' = \frac{L}{(1 - \omega^2 LC)^2} \tag{2.66}$$

可得：

$$Z = R' + j\omega L' \tag{2.67}$$

　　从以上分析可以看出，并联电容的存在，使有效串联损耗电阻及有效电感增加，而有效 Q 值减小，在有效阻抗不大的情况下，它会使灵敏度有所提高，从而引起传感器性能的变化。因此在测量中若更换连接电缆线的长度，在激励频率较高时则应对传感器的灵敏度重新进行校准。

（2）交流电桥测量电路

　　交流电桥式测量电路常和差动式电感传感器配合使用，常用的方法有交流电桥和变压器式交流电桥。图 2.20 为交流电桥测量电路，把传感器的两个线圈作为电桥的两个桥臂 Z_1 和 Z_2，另外两个相邻的桥臂用纯电阻 R 代替。设 $Z_1 = Z + \Delta Z_1$、$Z_2 = Z - \Delta Z_2$，Z 是衔铁在中间位置时单个线圈的复阻抗，ΔZ_1、ΔZ_2 分别是衔铁偏离中心位置时两线圈阻抗的变化量。对于高 Q 值 的 差 动 式 电 感 传 感 器，有 $\Delta Z_1 + \Delta Z_2 \approx$ $j\omega(\Delta L_1 + \Delta L_2)$，则电桥输出电压为：

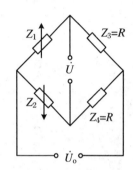

图 2.20　交流电桥测量电路

$$\dot{U}_\circ = \frac{R\Delta Z}{Z(Z + R)} \dot{U} \propto (\Delta L_1 + \Delta L_2) \tag{2.68}$$

　　当衔铁往上移动 $\Delta\delta$ 时，两个线圈的电感变化量 ΔL_1、ΔL_2 分别由式（2.59）及式（2.60）表示，差动传感器电感的总变化量 $\Delta L = \Delta L_1 + \Delta L_2$，并进行线性处理，即忽略高次项可得：

$$\frac{\Delta L}{L_0} = 2\frac{\Delta\delta}{\delta_0} \tag{2.69}$$

灵敏度 K_0 为：

$$K_0 = \frac{\dfrac{\Delta L}{L_0}}{\Delta\delta} = \frac{2}{\delta_0} \tag{2.70}$$

　　如图 2.21 所示是变压器式交流电桥测量电路，电桥两臂 Z_1、Z_2 为传感器线圈阻抗，另外两桥臂为交流变压器次级线圈的 1/2 阻抗。当负载阻抗为无穷大时，桥路输出电压：

$$\dot{U}_\circ = \frac{Z_1}{Z_1 + Z_2}\dot{U} - \frac{1}{2}\dot{U}$$

$$= \frac{Z_1 - Z_2}{Z_1 + Z_2}\frac{\dot{U}}{2} \tag{2.71}$$

当传感器的衔铁处于中间位置时,电桥平衡,即 $Z_1 = Z_2 = Z$,此时有 $\dot{U}_\circ = 0$。
当传感器衔铁上移时,则有 $Z_1 = Z + \Delta Z, Z_2 = Z - \Delta Z$,那么

$$\dot{U}_\circ = -\frac{\Delta Z}{Z} \cdot \frac{\dot{U}}{2} = -\frac{\Delta L}{L} \cdot \frac{\dot{U}}{2} \qquad (2.72)$$

当传感器衔铁下移时,则有 $Z_1 = Z - \Delta Z, Z_2 = Z + \Delta Z$,那么

$$\dot{U}_\circ = -\frac{\Delta Z}{Z} \cdot \frac{\dot{U}}{2} = \frac{\Delta L}{L} \cdot \frac{\dot{U}}{2} \qquad (2.73)$$

从以上分析可知,采用交流电桥作为测量电路时,输出电压的极性反映了传感器衔铁的运动方向,但交流电路要判断其极性,尚需要专门的判别电路。

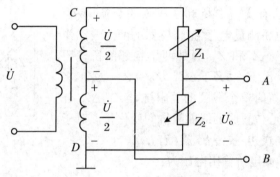

图 2.21　变压器式交流电桥

(3) 谐振式测量电路

谐振式调幅电路(如图 2.22 所示)和谐振式调频电路(如图 2.23 所示)是谐振式测量电路采用的主要电路。

在调幅电路中,传感器电感 L 与固定电容 C、变压器 T 串联在一起,接入交流电源 $\dot{U}$ 后,变压器副边将有电压 $\dot{U}_\circ$ 输出,输出电压的频率与电源频率相同,而幅值随着电感 L 而变化,图 2.22(b)所示为输出电压 $\dot{U}_\circ$ 与电感 L 的关系曲线,其中 L_0 为谐振点的电感值,此电路灵敏度很高,但线性差,适用于线性度要求不高的场合。

调频电路的基本原理,是传感器电感 L 的变化将引起输出电压频率的变化。通常把传感器电感 L 和一个固定电容 C 接入一个振荡回路中。当 L 变化时,振荡频率随之变化,根据 f 的大小即可测出被测量的值。图 2.23(b)所示为 f 与 L 的关系曲线,当 L 有微小变化时,有如下关系式:

$$\Delta f = -\frac{1}{4\pi}(LC)^{-\frac{3}{2}}C \cdot \Delta L = -\frac{f}{2} \cdot \frac{\Delta L}{L} \qquad (2.74)$$

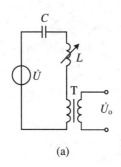 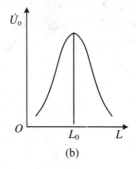

(a)　　　　　　　　　　　　　　　　(b)

图 2.22　谐振式调幅电路

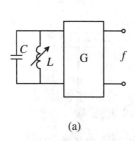 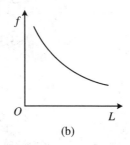

(a)　　　　　　　　　　　　　　　　(b)

图 2.23　谐振式调频电路

4. 自感式传感器的应用

变隙电感式压力传感器的结构如图 2.24 所示,它由膜盒、铁芯、衔铁及线圈等组成,衔铁与膜盒的上端连在一起。

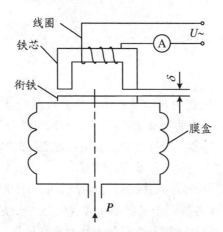

图 2.24　变隙电感式压力传感器结构图

当压力进入膜盒时,膜盒的顶端在压力 P 的作用下产生与压力 P 大小成正比的位移,于是衔铁也发生移动,从而使气隙发生变化,流过线圈的电流也发生相应的变化,电流表 A 的指示值就反映了被测压力的大小。

　　图 2.25 所示为变隙式差动电感压力传感器。它主要由"C"形弹簧管、衔铁、铁芯和线圈等组成。

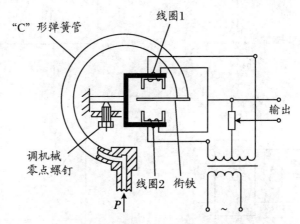

图 2.25　变隙式差动电感压力传感器

　　当被测压力进入"C"形弹簧管时,"C"形弹簧管产生变形,其自由端发生位移,带动与自由端连接成一体的衔铁运动,使线圈 1 和线圈 2 中的电感发生大小相等、符号相反的变化。即一个电感量增大,另一个电感量减小。电感的这种变化通过电桥电路转换成电压输出。由于输出电压与被测压力之间成比例关系,所以只要用检测仪表测量出输出电压,即可得知被测压力的大小。

2.2.2　互感式传感器

1. 工作原理与结构

　　互感式传感器是将被测的非电量变化转换为线圈互感量变化的一种磁电装置。它利用的是电磁感应中的互感现象,其基本结构与原理和常用变压器类似,因此常被称为变压器式传感器。当这种传感器是根据变压器的原理,且次级绕组(输出)采用差动连接,则称为差动变压器式传感器。

　　图 2.26 所示为差动变压器式传感器的典型结构示意图。其中:A、B 为两个山字形固定铁芯,在其窗中各绕两个线圈,W_{1a} 及 W_{1b} 为一次绕组,W_{2a} 及 W_{2b} 为二次绕组,C 为衔铁。当没有位移时,衔铁 C 处于初始平衡位置,衔铁 C 与两铁芯的间隙有 $\delta_{a0} = \delta_{b0} = \delta_0$,则绕组 W_{1a} 和 W_{2a} 间的互感 M_a 与绕组 W_{1b} 和 W_{2b} 的互感 M_b 相等,致使两个次级绕组的互感电势相等,即 $e_{2a} = e_{2b}$。由于次级绕组反相串联,

所以差动变压器输出电压 $U_o = e_{2a} - e_{2b} = 0$。

当被测体有位移时,与被测体相连的衔铁的位置将发生相应的变化,使 $\delta_a \neq \delta_b$,互感 $M_a \neq M_b$,两次级绕组的互感电势 $e_{2a} \neq e_{2b}$,输出电压 $U_o = e_{2a} - e_{2b} \neq 0$,即差动变压器有电压输出,此电压的大小与极性反映了被测体位移的大小和方向。

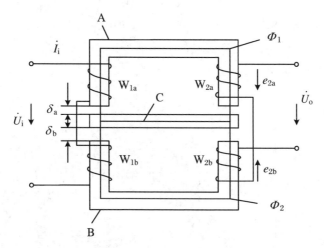

图 2.26　差动变压器式传感器的结构示意图

2. 输出特性

在忽略铁损(即涡流与磁滞损耗忽略不计)、漏感以及变压器次级开路(或负载阻抗足够大)的条件下,图 2.26 所示的等效电路可用图 2.27 表示。图中 r_{1a} 与 L_{1a}、r_{1b} 与 L_{1b}、r_{2a} 与 L_{2a}、r_{2b} 与 L_{2b},分别为 W_{1a}、W_{1b}、W_{2a}、W_{2b} 绕组的直流电阻与电感。

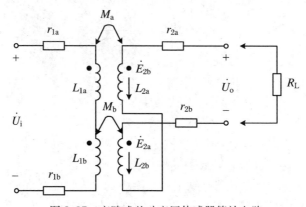

图 2.27　变隙式差动变压传感器等效电路

根据电磁感应定律和磁路欧姆定律,当 $r_{1a} \ll \omega L_{1a}$、$r_{1b} \ll \omega L_{1b}$ 时,若不考虑铁芯与衔铁中的磁阻影响,对图 2.27 所示的等效电路进行分析,可得变隙式差动变压器输出电压 U_o 的表达式:

$$\dot{U}_o = -\frac{\delta_b - \delta_a}{\delta_b + \delta_a} \frac{W_2}{W_1} \dot{U}_i \tag{2.75}$$

当衔铁处于初始平衡位置,即 $\delta_a = \delta_b = \delta_0$ 时,则 $\dot{U}_o = 0$。但是如果被测体带动衔铁移动,例如向上移动 $\Delta\delta$(假设向上移动为正)时,则有 $\delta_a = \delta_0 - \Delta\delta$,$\delta_b = \delta_0 + \Delta\delta$,代入式(2.75)可得:

$$\dot{U}_o = -\frac{W_2}{W_1} \frac{\dot{U}_i}{\delta_0} \Delta\delta \tag{2.76}$$

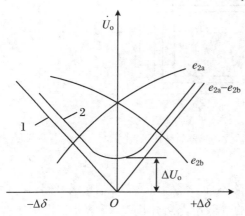

1.理想特性; 2.实际特性

图 2.28　变隙式差动变压器输出特性

式(2.76)即为闭磁路变隙式差动变压器的输出特性,它表明变压器输出电压 U_o 与衔铁位移量 $\Delta\delta/\delta_0$ 成正比。式中负号的意义是,当衔铁向上移动时,$\Delta\delta/\delta_0$ 定义为正,变压器输出电压 U_o 与输入电压 U_i 反相(相位差 $180°$);而当衔铁向下移动时,$\Delta\delta/\delta_0$ 则为 $-|\Delta\delta/\delta_0|$,表明 U_o 与 U_i 同相。图 2.28 所示为变隙式差动变压器输出电压 U_o 与位移 $\Delta\delta$ 的关系曲线。

由式(2.76)可得变隙式差动变压器灵敏度 K 的表达式:

$$K = \frac{\dot{U}_o}{\Delta\delta} = \frac{W_2}{W_1} \frac{\dot{U}_i}{\delta_0} \tag{2.77}$$

综合以上分析,可得出如下结论:

① 供电电源必须是稳幅和稳频的。

② W_2/W_1 的比值越大,灵敏度就越高。

③ δ_0 初始空气隙不宜过大,否则灵敏度会下降。

④ 电源的幅值应当提高,但应以铁芯不饱和为限,还应考虑传感器散热条件以保证在允许温升限度内,否则要引进附加误差。

⑤ 以上分析的结果是在忽略铁损和线圈中的分布电容等条件下得到的,如果考虑这些影响,将会使传感器性能变差(灵敏度降低,非线性加大等)。但是,在一般工程应用中是可以忽略的。

⑥ 进行上述推导的另一个条件是变压器副边开路,对由电子线路构成的测量电路来讲,这个要求很容易满足,但如果直接配接低输入阻抗电路,就必须考虑变压器副边电流对输出特性的影响。

3. 测量电路

差动变压器随衔铁的位移输出一个调幅波,因而用电压表来测量存在下列问题:① 总有零位电压输出,因而零位附近的小位移量测量困难;② 交流电压表无法判别衔铁位移方向。

为此,常需采用必要的测量电路来解决。

(1) 差动整流电路

差动整流电路是常用的电路形式,它对二次绕组线圈的感生电动势分别整流,然后再把整流后的电流或电压串成通路合成输出,图 2.29 给出了几种典型电路形式,其中图 2.29(a)、(c)适用于交流阻抗负载,图 2.29(b)、(d)适用于低阻抗负载,电阻 R_0 用于调整零点残余电压。

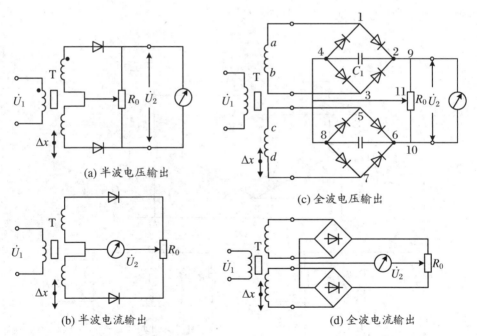

图 2.29　差动整流电路

从图 2.29(c)所示电路结构可知,不论两个次级线圈的输出瞬时电压极性如何,流经电容 C_1 的电流方向总是从 2 到 4,流经电容 C_2 的电流方向总是从 6 到 8,故整流电路的输出电压为:

$$\dot{U}_2 = \dot{U}_{24} - \dot{U}_{68} \tag{2.78}$$

当衔铁在零位时，$\dot{U}_{24}=\dot{U}_{68}$，所以 $\dot{U}_2=0$；当衔铁在零位以上时，$\dot{U}_{24}>\dot{U}_{68}$，$\dot{U}_2>0$；而当衔铁在零位以下时，$\dot{U}_{24}<\dot{U}_{68}$，$\dot{U}_2<0$。$\dot{U}_2$ 的正负表示衔铁位移的方向。

差动整流电路具有结构简单，不需要考虑相位调整和零点残余电压的影响，分布电容影响小、便于远距离传输等优点，因而获得广泛应用。

(2) 相敏检波电路

相敏检波电路如图 2.30 所示，图中的 V_{D1}、V_{D2}、V_{D3}、V_{D4} 为四个特性相同的二极管，他们串联接成一个闭合回路，形成环形电桥。输入信号 u_2（差动变压器式传感器输出的调幅波电压）通过变压器 T_1 加到环形电桥的一条对角线上。参考信号 u_s 通过变压器 T_2 加到环形电桥的另一条对角线上。输出信号 u_o 从变压器 T_1 与 T_2 的中心抽头引出。图中平衡电阻 R 起限流作用，以避免二极管导通时变压器 T_2 的次级电流过大。R_L 为负载电阻。u_s 的幅值要远大于输入信号 u_2 的幅值，以便有效控制四个二极管的导通状态，且 u_s 和差动变压器式传感器激磁电压 u_1 由同一振荡器供电，保证二者同频同相（或反相）。

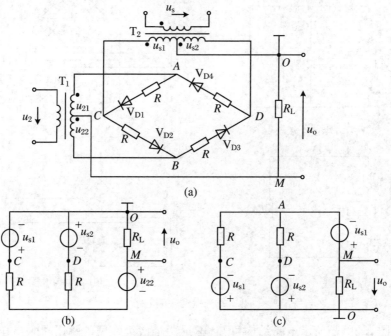

图 2.30　相敏检波电路

当位移 $\Delta x>0$ 时，u_2 与 u_s 为同频同相，当位移 $\Delta x<0$ 时，u_2 与 u_s 为同频反相。

O、M 分别为变压器 T_1、T_2 的中心抽头,根据变压器的工作原理可得:

$$\left. \begin{array}{c} u_{s1} = u_{s2} = \dfrac{u_s}{2n_2} \\[2mm] u_{21} = u_{22} = \dfrac{u_1}{2n_1} \end{array} \right\} \qquad (2.79)$$

式中,n_1,n_2 分别为变压器 T_1、T_2 的变压比。采用电路分析的基本方法,可求得图 2.30(b)所示电路的输出电压 u_o 的表达式:

$$u_o = - \frac{R_L u_{22}}{\dfrac{R}{2} + R_L} = \frac{R_L u_2}{n_1(R + 2R_L)} \qquad (2.80)$$

同理,当 u_2 与 u_s 均为负半周时,二极管 V_{D2}、V_{D3} 截止,V_{D1}、V_{D4} 导通,其等效电路如图 2.30(c)所示。输出电压 u_o 表达式与式(2.80)相同。说明只要位移 $\Delta x > 0$,不论 u_2 与 u_s 是正半周还是负半周,负载电阻 R_L 两端得到的电压 u_o 始终为正。

当 $\Delta x < 0$ 时,u_2 与 u_s 为同频反相。采用上述相同的分析方法不难得到当 $\Delta x < 0$ 时,不论 u_2 与 u_s 是正半周还是负半周,负载电阻 R_L 两端得到的输出电压 u_o 表达式都是:

$$u_o = - \frac{R_L u_2}{n_1(R + 2R_L)} \qquad (2.81)$$

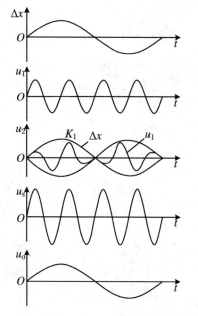

(a) 被测位移变化波形图

(b) 差动变压器激磁电压波形

(c) 差动变压器输出电压波形

(d) 相敏检波解调电压波形

(e) 相敏检波输出电压波形

图 2.31　波形图

图 2.31 所示为对应的波形图,相敏检波电路输出电压 u_0 的变化规律充分反映了被测位移量的变化规律,即 u_0 的数值反映了 Δx 的大小,u_0 的极性反映了 Δx 的方向。

4. 差动变压器式传感器的应用

图 2.32 所示为差动变压器式加速度传感器的原理结构示意图,它由悬臂梁和差动变压器构成。测量时,将悬臂梁底座及差动变压器的线圈骨架固定,将衔铁的 A 端与被测振动体相连,此时传感器作为加速度测量中的惯性元件,它的位移与被测加速度成正比,使加速度测量转变为位移测量。当被测体带动衔铁以 $\Delta x(t)$ 振动时,导致差动变压器的输出电压也按相同规律变化。

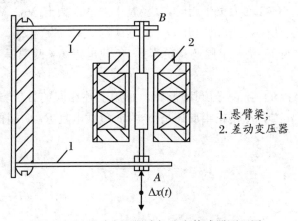

1. 悬臂梁;
2. 差动变压器

图 2.32　差动变压器式加速度传感器原理图

差动变压器式传感器具有线性范围大、测量精度高、稳定性好和使用方便等优点,被广泛应用于直线位移测量中。借助于各种弹性元件也可以用于与位移有关的任何参量测量,如测量力、压力、振动、加速度、转矩、比重、张力和厚度等。

2.2.3　电涡流式传感器

电涡流式传感器的物理基础是涡流效应,它利用金属导体在交变磁场中的涡流效应转换为阻抗的变化,即变频电流产生高频场,使金属面产生涡流,电涡流反向磁场又影响线圈电感量,电感量的变化与线圈至金属面间隙有关。

电涡流式传感器能静态和动态地非接触、高线性度、高分辨率地测量被测金属导体距探头表面的距离。其优点是结构简单、频率响应宽、灵敏度高、测量线性范围大、抗干扰能力强、体积小等,是一种很有发展前途的传感器。

1. 工作原理

涡流效应是指金属导体置于交变磁场中会产生电涡流,且该电涡流所产生磁场的方向与原磁场方向相反的一种物理现象。如图 2.33 所示,一个通有交流电流 $\dot{i}_1$ 的线圈,线圈周围空间必然产生正弦交变磁场 $\dot{H}_1$,使置于此磁场中的金属导体中产生感应电涡流 $\dot{i}_2$,$\dot{i}_2$ 也将产生新的交变磁场 $\dot{H}_2$。根据楞次定律,$\dot{H}_2$ 与 $\dot{H}_1$ 方向相反,由于磁场 $\dot{H}_2$ 的作用,将抵消部分原磁场,导致传感器线圈的电感量、等效阻抗和品质因数发生变化。

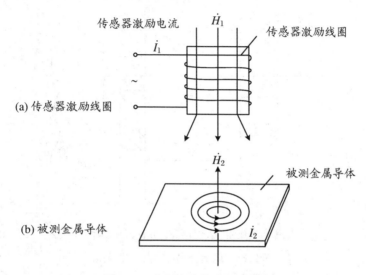

图 2.33　电涡流式传感器原理图

　　由上述分析可知,被测金属导体的涡流效应导致线圈阻抗变化。涡流效应既与被测体的电阻率 ρ、磁导率 μ 以及几何形状有关,还与线圈的几何参量、线圈中激磁电流频率 f 以及线圈到被测导体间的距离 x 有关。因此,传感器线圈受电涡流影响时的等效阻抗 Z 的函数关系式为:

$$Z = F(\rho, u, r, f, x) \tag{2.82}$$

式中,r 为线圈与被测体的尺寸因子。

　　如果保持式(2.82)中的其他参量不变,而只改变其中一个参量,传感器线圈阻抗 Z 就仅仅是这个参数的单值函数,通过与传感器配用的测量电路测出阻抗 Z 的变化量,即可以此制成各种用途的传感器,对表面为金属导体的物体进行多种物理量的非接触测量。

2. 基本特性

　　电涡流传感器的简化模型如图 2.34 所示。

　　模型中,把在被测金属导体上形成的电涡流等效成一个短路环,即假设电涡流仅分布在环体之内,模型中 h(电涡流的贯穿深度)可由下式求得:

$$h = \sqrt{\frac{\rho}{\pi\mu_0\mu_r f}} \tag{2.83}$$

式中，f 为线圈激磁电流的频率。

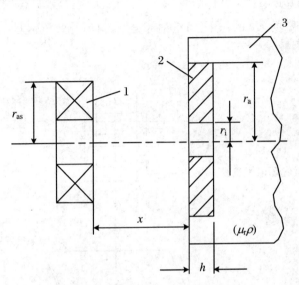

1.传感器线圈；2.短路环；3.被测金属导体

图 2.34　电涡流式传感器简化模型

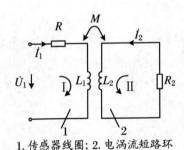

1.传感器线圈；2.电涡流短路环

图 2.35　电涡流式传感器等效电路图

根据简化模型，可画出如图 2.35 所示的等效电路图，图中 R_2 为电涡流短路环等效电阻，其表达式为：

$$R_2 = \frac{2\pi\rho}{h\, 1n\, \dfrac{r_a}{r_i}} \tag{2.84}$$

根据基尔霍夫第二定律，可列出如下方程：

$$\left.\begin{array}{l} R_1\dot{I}_1 + j\omega L_1\dot{I}_1 - j\omega M\dot{I}_2 = \dot{U}_1 \\ -j\omega M\dot{I}_1 + R_2\dot{I}_2 + j\omega L_2\dot{I}_2 = 0 \end{array}\right\} \tag{2.85}$$

式中，ω 为线圈激磁电流角频率；R_1、L_1 为线圈电阻和电感；L_2 为短路环等效电感；R_2 为短路环等效电阻；M 为互感系数。

由式(2.85)解得等效阻抗 Z 的表达式为：

$$Z = \frac{\dot{U}_1}{\dot{I}_1}$$

$$= R_1 + \frac{\omega^2 M^2}{R_2^2 + \omega^2 L_2^2} R_2 + \mathrm{j}\omega \left[L_1 - \frac{\omega^2 M^2}{R_2^2 + \omega^2 L_2^2} L_2 \right]$$

$$= R_{\mathrm{eq}} + \mathrm{j}\omega L_{\mathrm{eq}} \tag{2.86}$$

式中，R_{eq} 为线圈受电涡流影响后的等效电阻，且

$$R_{\mathrm{eq}} = R_1 + \frac{\omega^2 M^2}{R_2^2 + \omega^2 L_2^2} R_2$$

L_{eq} 为线圈受电涡流影响后的等效电感，且

$$L_{\mathrm{eq}} = L_1 - \frac{\omega^2 M^2}{R_2^2 + \omega^2 L_2^2} L_2$$

线圈的等效品质因数 Q 值为：

$$Q = \frac{\omega L_{\mathrm{eq}}}{R_{\mathrm{eq}}} \tag{2.87}$$

综上所述，根据电涡流式传感器的简化模型和等效电路，运用电路分析的基本方法得到的式(2.86)和式(2.87)是电涡流传感器基本特性表达式。

3. 测量电路

电涡流传感器的测量电路主要有调频和调幅两种。

(1) 调频式电路

传感器线圈接入 LC 振荡回路，当传感器与被测导体距离 x 改变时，在涡流影响下，传感器的电感变化，将导致振荡频率的变化，该变化的频率是距离 x 的函数，即 $f = L(x)$，该频率可由数字频率计直接测量，或者通过 f—V 变换，用数字电压表测量对应的电压。振荡器电路如图 2.36(b)所示，它由克拉泼电容三点式振荡器(C_2、C_3、L、C 和 V_1)以及射极输出电路两部分组成。振荡器的频率为：

$$f = \frac{1}{2\pi \sqrt{L(x)C}} \tag{2.88}$$

为了避免受到输出电缆的分布电容的影响，通常将 L、C 装在传感器内。此时电缆分布电容并联在大电容 C_2、C_3 上，因而其对振荡频率 f 的影响将大大减小。

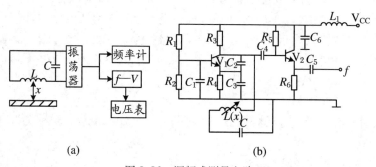

(a)　　　　　　　　　　　　　(b)

图 2.36　调频式测量电路

(2) 调幅式电路

由传感器线圈 L、电容器 C 和石英晶体组成的石英晶体振荡电路如图 2.37 所示。石英晶体振荡器的作用是提供恒流源,给谐振回路提供一个频率(f_0)稳定的激励电流 i_0,LC 回路输出电压为:

$$U_0 = i_0 f(Z) \qquad\qquad (2.89)$$

式中,Z 为 LC 回路的阻抗。

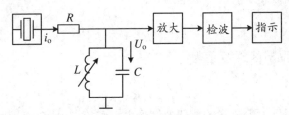

图 2.37　调幅式测量电路示意图

当金属导体远离或去掉时,LC 并联谐振回路谐振频率即为石英振荡频率 f_0,回路呈现的阻抗最大,谐振回路上的输出电压也最大;当金属导体靠近传感器线圈时,线圈的等效电感 L 发生变化,导致回路失谐,从而使输出电压降低,L 的数值随距离 x 的变化而变化。因此,输出电压也随 x 而变化。输出电压经放大、检波后,由指示仪表直接显示出 x 的大小。除此之外,交流电桥也是常用的测量电路。

4. 电涡流传感器的应用

电涡流式传感器可以实现位移、转速、振动等参量的非接触式测量,还可用作厚度传感器、接近度传感器以及用于金属零件计数、尺寸检验、粗糙度检测,并可制作非接触连续测量式硬度计。

(1) 低频透射式涡流厚度传感器

图 2.38 为透射式涡流厚度传感器的结构原理图。在被测金属板的上方设有发射传感器线圈 L_1,在被测金属板下方设有接收传感器线圈 L_2。当在 L_1 上加低频电压 U_1 时,L_1 上产生交变磁通 Φ_1,若两线圈间无金属板,则交变磁通直接耦合至 L_2 中,L_2 产生感应电压 U_2。如果将被测金属板放入两线圈之间,则 L_1 线圈产生的磁场将导致在金属板中产生电涡流,并将贯穿金属板,此时磁场能量受到损耗,使到达 L_2 的磁通将减弱为 Φ_1',从而使 L_2 产生的感应电压 U_2 下降。金属板越厚,涡流损失就越大,电压 U_2 就越小。因此,可根据 U_2 电压的大小得知被测金属板的厚度。

该透射式涡流厚度传感器的检测范围可达 $1 \sim 100$ mm,分辨率为 0.1 μm,线性度为 1%。

(2) 高频反射式涡流厚度传感器

图 2.39 为高频反射式涡流测厚仪测试系统图。为了克服带材不够平整或运

行过程中上下波动的不良影响,在带材的上、下两侧对称地设置了两个特性完全相同的涡流传感器 S_1 和 S_2。S_1 和 S_2
与被测带材表面之间的距离分别为
x_1 和 x_2。若带材厚度不变,则被测
带材上、下表面之间的距离总有
$x_1 + x_2 =$ 常数的关系存在。两传
感器的输出电压之和为 $2U_0$,数值
不变。如果被测带材厚度改变量为
$\Delta\delta$,则两传感器与带材之间的距离
也改变一个 $\Delta\delta$,两传感器输出电压
此时为 $2U_0 \pm \Delta U$。ΔU 经放大器
放大后,通过指示仪表即可指示出
带材的厚度变化值。带材厚度给定
值与偏差指示值的代数和就是被测
带材的厚度。

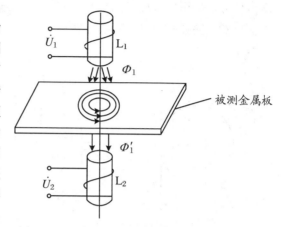

图 2.38　透射式涡流厚度传感器的结构原理图

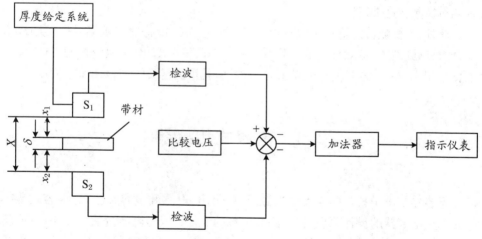

图 2.39　高频反射式涡流测厚仪测试系统图

(3) 电涡流式转速传感器

图 2.40 为电涡流式转速传感器工作原理图。在软磁材料制成的输入轴上加
工一键槽,在距输入表面 d_0 处设置电涡流传感器,输入轴与被测旋转轴相连。

当被测旋转轴转动时,电涡流传感器与输出轴的距离变为 $d_0 + \Delta d$。由于涡
流效应,使传感器线圈阻抗随 Δd 的变化而变化,这种变化将导致振荡谐振回路的
品质因数发生变化,它们将直接影响振荡器的电压幅值和振荡频率。因此,随着输

入轴的旋转,从振荡器输出的信号中包含有与转速成正比的脉冲频率信号。该信号由检波器检出电压幅值的变化量,然后经整形电路输出频率为 f_n 的脉冲信号。该信号经电路处理便可得到被测转速。

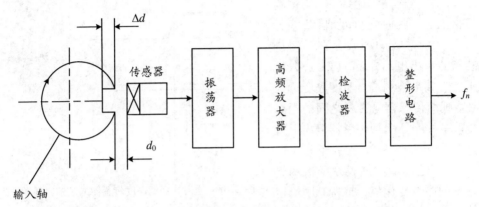

图 2.40　电涡流式转速传感器工作原理图

　　这种转速传感器可实现非接触式测量,抗污染能力很强,可安装在旋转轴近旁长期对被测转速进行监视。

　　此外,电涡流传感器还可实现电涡流探伤。保持传感器与被测导体的距离不变,如果遇到裂纹,被测导体的电阻率和磁导率就发生变化,电涡流损耗,从而输出电压也相应改变。通过对这些信号进行检测,就可确定裂纹的存在和方位。

2.3　电容式传感器

　　电容器是电子技术的三大类无源元件(电阻、电感和电容)之一。电容式传感器是利用电容器的设计原理,将被测非电量的变化转换为电容量的变化率,进而实现从非电量到电量转化的器件。由于电容式传感器具有结构简单,分辨率高,可非接触测量,并能在高温、高辐射等恶劣环境下工作等优点,所以已在位移、压力、厚度、物位、振动、转速、流量及成分分析的测量等领域得到了广泛的应用。

2.3.1　工作原理

　　电容式传感器的敏感部分就是具有可变参数的电容器,其最常用的形式是由两个平行电极组成,极间以空气为介质的电容器。图 2.41 所示即为由绝缘介质分开的两个平行金属板组成的平板电容器。当忽略边缘效应时,其电容量与极板间介质的相对介电常数 ε_r、真空介电常数 ε_0(8.854×10^{-12} F/m)、极板的有效面积 A 以及两极板间的距离 d 有关,其电量计算公式为:

$$C = \frac{\varepsilon A}{d} = \frac{\varepsilon_r \varepsilon_o A}{d} \tag{2.90}$$

由式(2.90)可知,当式中 d、ε_r、A 三个参量中的任意一个发生变化时,都会引起电容量 C 的变化,实际设计电容式传感器时,通常要保证 d、ε_r、A 三个参量之中的两个保持不变,仅改变其中的一个变量来实现电容量的变化,再通过测量电路就可转换为电量输出。以上就是电容式传感器的基本工作原理。

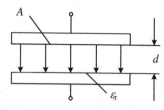

图 2.41　平板电容器

根据其工作原理,电容式传感器可分为变极距型(也称为变间隙型)、变面积型和变介质型三种形式。

2.3.2　电容式传感器的特点及等效电路

1. 电容式传感器的特点
电容式传感器有以下主要特点:

(1) 高容抗、小功率

由于起始电容的电容量很小,导致容抗很高。高容抗的优点是需要的输入能量低,缺点是传感器输出阻抗很高,易受外界干扰,致使传感器的稳定性变差。

(2) 动态范围大,动态响应快

传感器的动态范围系指能够响应的输入量的最大值与最小值之差和它在初始平衡状态下输入量之比。电容式传感器的动态范围大于 100%,而金属电阻应变片与半导体应变片的动态范围分别为 1% 和 20% 左右。电容式传感器的活动极板的质量很小,所以它具有很高的固有频率(达几兆赫兹),致使动态响应很快。

(3) 零漂小

由于动极板移动过程中无摩擦、机械损耗很小以及两极板间的静电引力小等原因,所以,电容式传感器几乎没有零漂。

(4) 结构简单,适应性强

电容传感器没有特殊的有机材料和磁性材料,经得起相当大的温度变化及各种辐射作用,不仅可以在恶劣的环境中工作,还可以在许多各向同性的电介质液体中使用。此外,根据测量的需要,不仅可以做成非接触式传感器,在检测过程中对被测试件几乎没有影响,而且还可以将其体积做的很小,适用于特殊要求的测量。

(5) 分布电容影响严重

电容式传感器与测量电路间需要用电缆屏蔽线连接。屏蔽线电容分布的影响,不仅会使传输效率降低、灵敏度变差,而且还会造成较大的测量误差,这是此类传感器不能广泛应用的最关键原因。

电缆屏蔽线的分布电容会对电容式传感器造成严重影响的原因,一方面是传感器的初始电容很小(几皮法至几十皮法),而电缆屏蔽线的分布电容也在几皮法至上百皮法范围内变化,两者并联之后接入测量电路,这样必然要产生上述严重的后果。另一方面,此分布电容还随电缆屏蔽线放置的位置与形状的不同而变化,造成传感器特性的不稳定。

2. 电容式传感器的等效电路

进行测量系统分析计算时,需要掌握电容传感器的等效电路。以图 2.42(a)所示平板电容器的接线为例,它的等效电路是从输出端 A、B 两点看进去所得到的等效电路,可以由图 2.42(b)表示。图中 C_p 是归结 A、B 两端的寄生电容,它与传感器的电容为并联关系;C 为传感器的电容,是系统要测量的参量;R_p 为极板间等效泄漏电阻,它包括两个极板支架上的有功损耗及极间介质有功损耗,其值在制造工艺上和材料选取上应保证足够大。L 为传输线的电感;R 为传输线的有功电阻,在集肤效应较小的情况下,即当传感器的激励电压频率较低时,其值甚小。

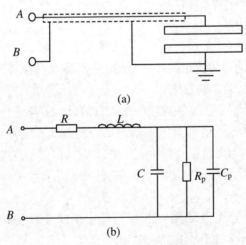

图 2.42　电容式传感器的等效电路

从上述分布电容传感器的特点可知,克服寄生电容 C_p 的影响,是电容传感器能否实际应用的首要问题。从上述等效电路可知,在较低频率下使用时(激励电路频率较低),L 及 R 可忽略不计,而只考虑 R_p 对传感器的分路作用。当使用频率增高时,就应考虑 L 及 R 的影响,而且主要是 L 的存在使得 AB 两端的等效电容 C_e。

随频率的增加而增加,由式(2.91)可求得 C_e:

$$C_e = \frac{C}{1 - \omega^2 LC} \qquad (2.91)$$

同时传感器的灵敏度 k_e 也随激励源频率改变:

$$k_e = \frac{\Delta C_e}{\Delta d}$$

式中,k_e 为电容传感器等效灵敏度;ΔC_e 为电容式传感器等效电容由于输入被测量 Δd 的改变而产生的增量。

由式(2.91)可求得:

$$\Delta C_e = \frac{\Delta C}{(1 - \omega^2 LC)^2} \qquad (2.92)$$

即有

$$k_e = \frac{k}{(1 - \omega^2 LC)^2} \qquad (2.93)$$

由此可见,等效灵敏度将随激励频率而改变。因此,在较高激励频率下使用这种传感器时,每当改变激励频率或者更换传输电线是都必须对测量系统重新进行标定。

2.3.3 电容式传感器的测量电路

电容式传感器将被测非电量转换成电容变化后,必须采用测量电路将其转换为电压、电流或频率信号。测量电路有交流电桥调频电路、运算放大器式电路、二极管双"T"形交流电桥、脉冲宽度调制电路等。以下主要讨论几种常用的测量电路。

1. 交流电桥

图 2.43 所示为电容式传感器配用的两种桥式测量电路。图 2.43(a)所示为单臂接法的桥式电路,其中 C_1、C_2、C_3、C_x 为电桥式的四个桥臂电容,C_x 为电容式传感器的输出电容值,高频电源 $\dot{U}_i$ 经变压器接到桥路的一条对角线上,从桥路的另一条对角线取输出电压 $\dot{U}_o$。当电容式传感器输入的被测量 $x = 0$,输出 $C_x = C_o$ 时,交流电桥平衡,有:

$$\left. \begin{array}{l} \dfrac{C_1}{C_2} = \dfrac{C_o}{C_3} \\ U_o = 0 \end{array} \right\} \qquad (2.94)$$

而当 $x \neq 0$ 时,传感器输出为 $C_x = C_o + \Delta C$,交流电桥失去平衡,$U_o \neq 0$,则可按电桥的输出来标定被测量 X。此种电路常用于料位自动测量仪中。

图 2.43(b)所示为差动电桥测量电路,其空载输出电压为:

$$\dot{U}_\text{o} = \dot{U}_A - \dot{U}_B = \frac{C_\text{o} + \Delta C}{(C_\text{o} + \Delta C) + (C_\text{o} - \Delta C)}\dot{U} - \frac{L}{L + L}\dot{U}$$

$$= \frac{C_\text{o} + \Delta C}{2C_\text{o}}\dot{U} - \frac{1}{2}\dot{U} = \frac{1}{2}\frac{\Delta C}{C_\text{o}}\dot{U}$$

式中 $\dot{U}$ 为变压器次级总电压相量；C_o 为电容式传感器初始电容；ΔC 为电容式传感器的输出电容变化值；L 为变压器次级绕组等效电感。

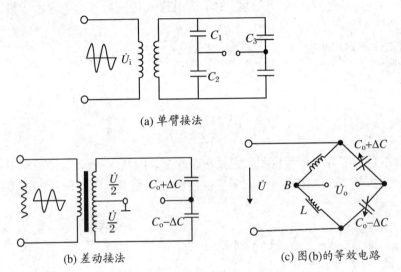

(a) 单臂接法

(b) 差动接法　　　　　　(c) 图(b)的等效电路

图 2.43　电容式传感器的桥式电路

由上式可知,当拱桥电压为稳压电源提供时,由于初始电容 C_o 为常数,因此电桥输出电压 $\dot{U}_\text{o}$ 仅仅是传感器输出电容变化值 ΔC 的单值函数。

2. 调频电路

在这类电路中,电容传感器被接在振荡器的振荡回路中,当传感器电容 C_x 发生改变时,其振荡频率 f 也发生相应变化,实现由电容到频率的转换。由于振荡器的频率受电容式传感器的电容调制来实现(C—f 的转换),故称为调频电路。此时的系统是非线性的,不易校正,在技术就采取加入鉴频器,将频率的变化转换为电压振幅的变化,经过信号调理后就可以用仪器指示或记录设备记录下来。

图 2.44　调频式测量电路原理框图

调频式测量电路原理框图如图 2.44 所示。图中调频振荡器的振荡频率为：

$$f = \frac{1}{2\pi\sqrt{LC}} \tag{2.95}$$

式中，L 为振荡回路的电感；C 为振荡回路的总电容，$C = C_1 + C_2 + C_x$，其中 C_1 为振荡回路固有电容，C_2 为传感器引线分布电容，$C_x = C_0 \pm \Delta C$ 为传感器的电容。

当被测信号为 0 时，$\Delta C = 0$，则 $C = C_1 + C_2 + C_0$，所以振荡器有一个固有频率 f_0，其表达式为：

$$f_0 = \frac{1}{2\pi\sqrt{(C_1 + C_2 + C_0)L}} \tag{2.96}$$

当被测信号不为 0 时，$\Delta C \neq 0$，振荡器频率有相应变化，此时频率为：

$$f = \frac{1}{2\pi\sqrt{(C_1 + C_2 + C_0 \mp \Delta C)L}} = f_0 \pm \Delta f \tag{2.97}$$

调频电容传感器测量电路优点是：具有较高的灵敏度，可以测量 $0.01\ \mu\text{m}$ 级位移的变化量。输出的频率信号易于用数字仪器测量，能与计算机相互通信，实现数据的发送与接收，以达到遥测遥控的目的。

3. 运算放大器式电路

图 2.45 所示为电容传感器配用的运算放大器式测量电路，因为运算放大器的放大倍数非常大，而且输入阻抗 Z_i 很高，所以运算放大器的这一特点可以作为电容式传感器的比较理想的测量电路。图 2.45 中 C_x 为电容式传感器电容；U_i 是交流电源电压；U_o 是输出信号电压；Σ 是虚地点。由运算放大器工作原理可得：

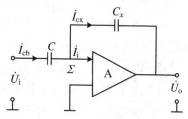

图 2.45　运算放大器式电路

$$\dot{U}_o = -\frac{C}{C_x}\dot{U}_i \tag{2.98}$$

如果传感器是一只平板电容，则 $C_x = \varepsilon S/d$，代入式(2.98)，可得：

$$\dot{U}_o = -\dot{U}_i \frac{C}{\varepsilon S}d \tag{2.99}$$

由式(2.99)可知，输出电压 $\dot{U}_o$ 与电容传感器动极板机械位移 d 成正比，因此这种测量电路的最大优点是能克服变间隙式电容传感器的非线性的缺陷，但是这要求 Z_i 及放大倍数足够大。为保证仪器精度，还要求电源电压 $\dot{U}_i$ 的幅值和固定电容 C 值稳定。

4. 二极管双"T"形交流电桥

双 T 形电桥电路如图 2.46(a)所示，e 为一对称方波的高频电源，幅值为 U，

C_1、C_2 为传感器的两个差动电容,固定电阻 $R_1 = R_2 = R$,V_{D1}、V_{D2} 为两只特性完全相同的二极管。

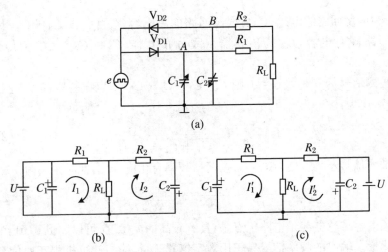

图 2.46　二极管双 T 形交流电桥

当 e 为正半周时,二极管 V_{D1} 导通、V_{D2} 截止,于是电容 C_1 充电,其等效电路如图 2.46(b)所示;在随后负半周出现时,电容 C_1 上的电荷通过电阻 R_1,负载电阻 R_L 放电,流过 R_L 的电流为 I_1。

当 e 为负半周时,二极管 V_{D2} 导通、V_{D1} 截止,则电容 C_2 充电,其等效电路如图 2.46(c)所示;在随后出现正半周时,C_2 通过电阻 R_2,负载电阻 R_L 放电,流过 R_L 的电流为 I_2。

因为 V_{D1}、V_{D2} 特性完全相同,$R_1 = R_2 = R$,当 $C_1 = C_2$ 时,电流 $I_1 = I_2$,且方向相反,所以在一个周期内流过 R_L 的平均电流为零,即 R_L 上无信号输出;当 $C_1 \neq C_2$ 时,电流 $I_1 \neq I_2$,在 R_{L1} 产生的平均电流不为零,即有信号输出。输出电压在一个周期内平均值为:

$$U_o = I_L R_L = \frac{1}{T} \int_0^T [I_1(t) - I_2(t)] \mathrm{d}t R_L$$

$$\approx \frac{R(R + 2R_L)}{(R + R_L)} \cdot R_L U f (C_1 - C_2) \qquad (2.100)$$

式中,f 为电源频率。且

$$\left[\frac{R(R + 2R_L)}{(R + R_L)^2} \right] \cdot R_L = M(常数) \quad (R_L 为常数)$$

则式(2.100)简化为:

$$U_o = U f M (C_1 - C_2) \qquad (2.101)$$

从式(2.101)可知,电压 U_o 不仅与电源电压幅值和频率有关,而且与 T 形网络中的电容 C_1 和 C_2 的差值有关。当电源电压确定后,电压 U_o 是电容 C_1 和 C_2 的函数。该电路输出电压较高,当电源频率为 1.3 MHz、电源电压 $U = 46$ V 时,电容在 $-7 \sim +7$ pF 变化,可以在 1 MΩ 负载上得到 $-5 \sim +5$ V 的直流输出电压。电路的灵敏度与电源电压幅值和频率有关,故要求输入电源稳定。当 U 幅值较高,使二极管 V_{D1}、V_{D2} 工作在线性区域时,测量的非线性误差很小。电路的输出阻抗与电容 C_1、C_2 无关,而仅与 R_1、R_2 及 R_L 有关,为(1~100) kΩ。输出信号的上升沿时间取决于负载电阻。1 kΩ 的负载电阻,上升时间为 20 μs 左右,故可用来测量高速的机械运动。

5. 脉冲宽度调制电路

如图 2.47 所示是脉冲宽度调制电路,图中 C_{x1}、C_{x2} 为差动式电容传感器,电阻 $R_1 = R_2$,A_1、A_2 为比较器,当双稳态触发器处于某一状态时,$Q = 1$、$\bar{Q} = 0$、A 点高电位通过 R_1 对 C_{x1} 充电。

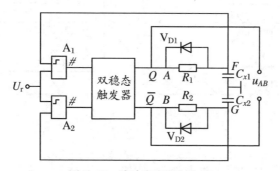

图 2.47 脉冲宽度调制电路

电路各点波形如图 2.48 所示,此时 u_A、u_B 脉冲宽度不再相等,一个周期 $(T_1 + T_2)$ 时间内的平均电压值不为零。此 u_{AB} 电压经低通滤波器滤波后,可获得 U_o 输出:

$$U_o = U_A - U_B = U_1 \frac{T_1 - T_2}{T_1 + T_2} \tag{2.102}$$

式中,U_1 为触发器输出高电平;T_1、T_2 为 C_{x1}、C_{x2} 充电至 U_r 时所需时间。

由电路知识可知:

$$T_1 = R_1 C_{x1} \ln \frac{U_1}{U_1 - U_r}$$
$$T_2 = R_2 C_{x2} \ln \frac{U_2}{U_2 - U_r} \tag{2.103}$$

将 T_1、T_2 代入式(2.102)得:

$$U_{\text{o}} = \frac{C_{x1} - C_{x2}}{C_{x1} + C_{x2}} U_1 \tag{2.104}$$

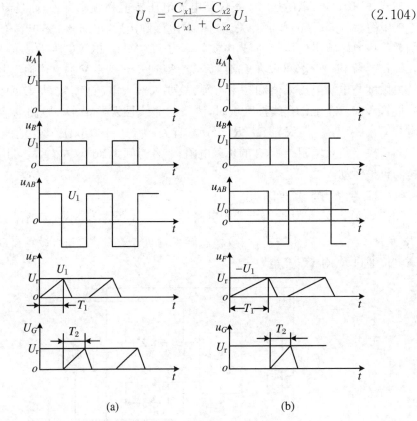

(a)　　　　　　　　　　　　　　　(b)

图 2.48　脉冲宽度调制电路电压波形

将平行板电容的公式代入式(2.104),在变极板距离的情况下可得:

$$U_{\text{o}} = \frac{d_1 - d_2}{d_1 + d_2} U_1 \tag{2.105}$$

式中,d_1、d_2 分别为 C_{x1}、C_{x2} 极板间距离。

差动电容 $C_{x1} = C_{x2} = C_{\text{o}}$,即 $d_1 = d_2 = d_0$ 时, $U_{\text{o}} = 0$;若 $C_{x1} \neq C_{x2}$,设 $C_{x1} > C_{x2}$,即 $d_1 = d_0 - \Delta d$,$d_2 = d_0 + \Delta d$,则有:

$$U_{\text{o}} = \frac{\Delta d}{d_0} U_1 \tag{2.106}$$

这样,在变面积电容传感器中,有:

$$U_{\text{o}} = \frac{\Delta S}{S} U_1 \tag{2.107}$$

由此可见,差动脉宽调制电路适用于变极板距离以及变面积差动式电容传感器,并具有线性特性,且转换效率高,经过低通放大器就有较大的直流输出,调宽频率的变化对输出没有影响。

2.3.4　电容式传感器的应用

1. 电容式压力传感器

电容式压力传感器是利用电容敏感元件,将压力转换成电容的变化,经测量电路转换成电量(电流或电压)输出。图 2.49 所示为电容式压力传感器的结构图。

图 2.49(a)所示的是一种用于医学上的电容式听诊器的结构,实际上是单电容压力传感器。膜片作为电容器的一个极板,在声压 p 的作用下产生位移,改变了与球形极板之间的距离,从而引起电容 C 的变化,C 与声压 p 在一定范围内呈线性关系。

图 2.49(b)所示的是用于测量压差的差动式压力传感器。膜片与镀在球形玻璃表面的金属层形成一个差动电容传感器,在压力差 $\Delta p = p_1 - p_2$ 的作用下,膜片向压力小的方向移动,引起电容 C 的变化。

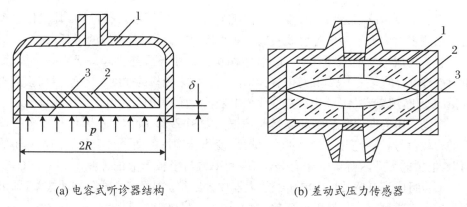

(a) 电容式听诊器结构　　　　　　　　　(b) 差动式压力传感器

1. 壳体; 2. 壳定极板; 3. 膜片

图 2.49　电容式压力传感器结构图

电容式压力传感器的特点是灵敏度高,适合测量微压,频响好,抗干扰能力强。

2. 电容式加速度传感器

图 2.50 所示为差动电容式加速度传感器结构图。它有两个固定极板(与壳体绝缘),中间有一用弹簧片支撑的质量块,此质量块的两个端面经过磨平抛光后作为可动极板(与壳体电连接)。

当传感器壳体随被测对象沿垂直方向作直线加速运动时,质量块在惯性空间中相对静止,两个固定电极将相对于质量块在垂直方向产生大小正比于被测加速度的位移。此位移使两电容的间隙发生变化,一个增加,一个减小,从而使 C_1、C_2 产生大小相等、符号相反的增量,此增量正比于被测加速度。

电容式加速度传感器的主要特点是频率响应快和量程范围大,大多采用空气或其他气体作阻尼物质。

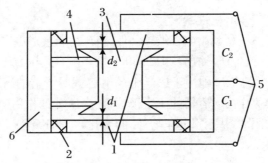

1. 固定电极; 2. 绝缘垫; 3. 质量块; 4. 弹簧; 5. 输出端; 6. 壳体

图 2.50　差动式电容加速度传感器结构图

3. 电容式测厚传感器

电容测厚传感器是用于对金属带材在轧制过程中厚度进行检测,其工作原理是在被测带材的上下两侧各置放一块面积相等、与带材距离相等的极板,这样极板与带材就构成了两个电容器 C_1、C_2。将两块极板用导线连接起来成为一个极,而带材就是电容的另一个极,其总电容为 $C_1 + C_2$,如果带材的厚度发生变化,将引起电容量的变化,用交流电桥将电容的变化测出来,经过放大即可由电表指示测量结果。

差动式电容测厚传感器的测量原理框图如图 2.51 所示。音频信号发生器产生的音频信号,接入变压器 T 的原边线圈,变压器副边的两个线圈作为测量电桥的两臂,电桥的另外两桥臂由标准电容 C_0 和带材与极板形成的被测电容 C_x($C_x = C_1 + C_2$)组成。电桥的输出电压经放大器放大后整流为直流,再经差动放大,即可用指示电表指示出带材厚度的变化。

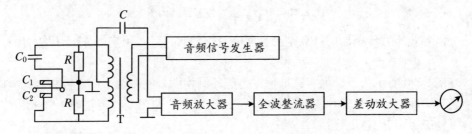

图 2.51　差动式电容测厚仪系统组成框图

4. 电容式位移传感器

图 2.52 所示的是一种单电极的电容振动位移传感器,它的平面测端电极 1 是电容器的一极,通过电极座 5 由引线接入电路,另一极是被测物表面。金属壳体 3

与侧端电极 1 间有绝缘衬塞 2 使彼此绝缘。使用时壳体 3 为夹持部分,被夹持在标准台架或其他支撑上,壳体 3 接大地可起屏蔽作用。

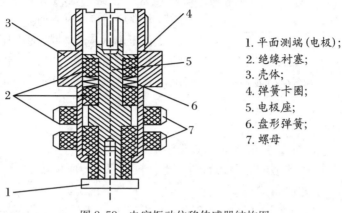

1. 平面测端(电极);
2. 绝缘衬塞;
3. 壳体;
4. 弹簧卡圈;
5. 电极座;
6. 盘形弹簧;
7. 螺母

图 2.52 电容振动位移传感器结构图

该电容式振动位移传感器能够测量 $0.05\ \mu\mathrm{m}$ 的振动位移,还可测量转轴的回转精度和轴心动态偏摆等。

2.4 压电式传感器

压电式传感器是以具有压电效应的压电器件为核心组成的传感器。由于压电效应具有自发电和可逆性,因此压电器件是一种典型的双向有源传感器。压电式传感器具有体积小、结构简单、工作可靠、重量轻、工作频带宽等优点,因此在各种动态力、机械冲击与振动测量以及声学、医学、力学、宇航等方面都得到了非常广泛的应用。

2.4.1 工作原理

压电式传感器的物理基础是压电效应。

1. 压电效应

某些晶体物质的电介质(如石英、酒石酸钾钠等),当沿着一定方向施加机械力而产生变形时,内部就产生极化现象,同时在某个表面上便产生符号相反的电荷;当外力去掉后,又重新恢复到不带电状态;当作用力方向改变时,电荷的极性也随着改变,晶体受力所产生的电荷量与外力的大小成正比。上述这种现象称为"正压电效应"。然而,若对上述电介质施加电场作用时,会引起电介质内部正电荷中心的相对位移而导致电介质产生变形,且其变形 S 与外场强度 E 成正比,这种现象称为"逆压电效应"(或电致伸缩效应)。压电式传感器就是利用了物质的"正压电效应",通常均简称"压电效应"。

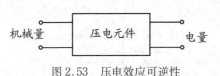

图 2.53　压电效应可逆性

具有压电效应的材料称为压电材料,常用的压电材料有石英、钛酸钡、锆钛酸铅等。压电材料能实现机—电能量的相互转换,如图 2.53 所示。

2. 工作原理

压电式传感器的基本原理基于某些压电材料的压电效应,是典型的有源传感器。当材料受力作用而变形时,其表面会有电荷产生,从而实现非电量测量。

由于外力作用而在压电材料上产生的电荷只有在无泄漏的情况下才能保存,即需要测量回路为具有无限大的输入阻抗的理想状态,这实际上是不可能的,因此压电式传感器不能用于静态测量。压电材料在交变力的作用下,电荷可以不断补充,可供给测量回路一定的电流,故适用于动态测量。

单片压电元件产生的电荷量甚微,为了提高压电传感器的输出灵敏度,在实际应用中常采用将两片(或两片以上)同型号的压电元件黏结在一起测其总和量。由于压电材料的电荷是有极性的,因此接法也有两种。如图 2.54 所示,从作用力看,元件是串接的,因而每片受到的作用力相同,产生的变形和电荷数量大小都与单片时相同。图 2.54(a)所示的是两个压电片的负端黏结在一起,中间插入的金属电极成为压电片的负极,正电极在两边的电极上。从电路上看,这是并联接法,类似两个电容的并联。所以,外力作用下正负电极上的电荷量增加了 1 倍,电容量也增加了 1 倍,输出电压与单片时相同。图 2.54(b)所示的是两压电片不同极性端黏结在一起,从电路上看是串联的,两压电片中间黏结处正负电荷中和,上、下极板的电荷量与单片时相同,总电容量为单片的一半,输出电压增大了 1 倍。

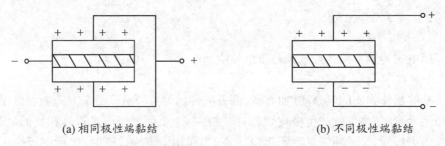

(a) 相同极性端黏结　　　　　　　　　　(b) 不同极性端黏结

图 2.54　压电元件连接方式

在上述两种接法中,并联接法输出电荷大,本身电容大,时间常数大,适宜用在测量慢变信号并且以电荷作为输出量的场合。而串联接法输出电压大,本身电容小,适宜用于以电压作输出信号,并且测量电路输入阻抗很高的场合。

压电式传感器中的压电元件,按其受力和变形方式不同,大致有厚度变形、长度变形、体积变形和厚度剪切变形等几种形式,如图 2.55 所示。目前最常使用的是厚度变形的压缩式和剪切变形的剪切式两种。

压电式传感器在测量低压力时线性度不好,这主要是传感器受力系统中力传递系数为非线性所致,即低压力下力的传递损失较大。为此,可在力传递系统中加入预加力,称为预载。这除了消除低压力使用中的非线性外,还可以消除传感器内外接触表面的间隙,提高刚度。特别的是,只有在加预载后才能用压电传感器测量拉力和拉、压交变力及剪力和扭矩。

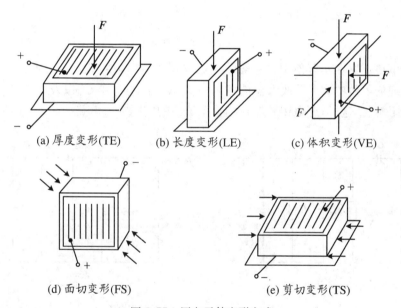

(a) 厚度变形(TE)　　(b) 长度变形(LE)　　(c) 体积变形(VE)

(d) 面切变形(FS)　　　　(e) 剪切变形(TS)

图 2.55　压电元件变形方式

2.4.2　等效电路

压电式传感器是通过其压电元件产生电荷量的大小来反映被测量的变化的,因此它相当于一个电荷源。而压电元件电极表面聚集时,它又相当于一个以压电材料为电介质的电容器,其电容量 C_a 为:

$$C_a = \frac{\varepsilon_r \varepsilon_0 A}{d} \tag{2.108}$$

式中,A 为压电片的面积;d 为压电片的厚度;ε_r 为压电材料的相对介电常数。

因此,压电传感器可以等效为一个与电容相串联的电压源。如图 2.56(a)所示,电容器上的电压 U_a、电荷量 q 和电容量 C_a 三者关系为:

$$U_a = \frac{q}{C_a} \tag{2.109}$$

压电传感器也可以等效为一个电荷源,如图 2.56(b)所示。

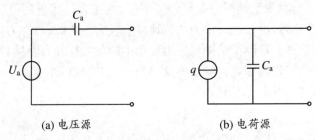

(a) 电压源　　　　　　　　　　(b) 电荷源

图 2.56　压电元件的等效电路

压电传感器在实际使用时总要与测量仪器或测量电路相连接,因此还需考虑连接电缆的等效电容 C_c,放大器的输入电阻 R_i,输入电容 C_i 以及压电传感器的泄漏电阻 R_a。这样,压电传感器在测量系统中的实际等效电路如图 2.57 所示。

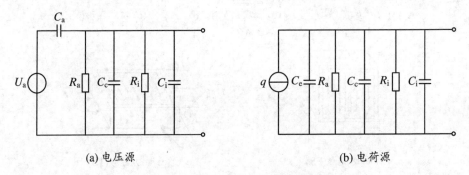

(a) 电压源　　　　　　　　　　(b) 电荷源

图 2.57　压电传感器的实际等效电路

2.4.3　测量电路

压电式传感器本身的内阻抗很高,而输出能量较小,因此它的测量电路通常需要接入一个高输入阻抗前置放大器。其作用为:一是把它的高输出阻抗变换为低输出阻抗;二是放大传感器输出的微弱信号。

压电传感器的输出可以是电压信号,也可以是电荷信号,因此前置放大器也有两种形式:电压放大器和电荷放大器。

1. 电压放大器(阻抗变换器)

图 2.58(a)、(b)所示是电压放大器电路原理图及其等效电路。

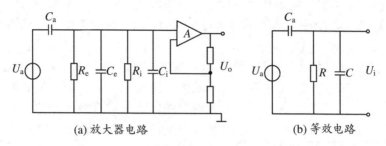

(a) 放大器电路　　　　　　(b) 等效电路

图 2.58　电压放大器电路原理及其等效电路图

在图 2.58(b)中,电阻 $R = R_a R_i / (R_a + R_i)$,电容 $C = C_c + C_i$,而 $U_a = q/C_a$,若压电元件受正弦力 $f = F_m \sin \omega t$ 的作用,则其电压为:

$$\dot{U}_a = \frac{dF_m}{C_a} \sin \omega t = U_m \sin \omega t \qquad (2.110)$$

式中,U_m 为压电元件输出电压幅值,$U_m = dF_m / C_a$;d 为压电系数。

由此可得放大器输入端电压 U_i,其复数形式为:

$$\dot{U}_i = df \frac{j\omega R}{1 + j\omega R(C_a + C)} \qquad (2.111)$$

U_i 的幅值 U_{im} 为:

$$U_{im}(\omega) = \frac{dF_m \omega R}{\sqrt{1 + \omega^2 R^2 (C_a + C_c + C_i)^2}} \qquad (2.112)$$

输入电压和作用力之间相位差为:

$$\Phi(\omega) = \frac{\pi}{2} - \arctan \left[\omega(C_a + C_c + C_i) R \right] \qquad (2.113)$$

在理想情况下,传感器的 R_a 电阻值与前置放大器输入电阻 R_i 都为无限大,即 $\omega(C_a + C_c + C_i) R \gg 1$,那么由式(2.112)可知,理想情况下输入电压幅值 U_{im} 为:

$$U_{im} = \frac{dF_m}{C_a + C_c + C_i} \qquad (2.114)$$

式(2.114)表明前置放大器输入电压 U_{im} 与频率无关,一般在 $\omega/\omega_0 > 3$ 时,就可以认为 U_{im} 与 ω 无关,ω_0 表示测量电路时间常数之倒数,即

$$\omega_0 = \frac{1}{(C_a + C_c + C_i) R} \qquad (2.115)$$

这表明压电传感器有很好的高频响应,但是,当作用于压电元件的力为静态力($\omega = 0$)时,前置放大器的输出电压等于零,因为电荷会通过放大器输入电阻和传

感器本身漏电阻漏掉,所以压电传感器不能用于静态力的测量。

当 $\omega(C_a + C_c + C_i)R \gg 1$ 时,放大器输入电压 U_{im} 如式(2.114)所示,式中 C_c 为连接电缆电容,当电缆长度改变时,C_c 也将改变,因而 U_{im} 也随之变化。因此,不能随意更换压电传感器与前置放大器之间的连接电缆,否则将引入测量误差。

2. 电荷放大器

电荷放大器常作为压电传感器的输入电路,它由一个反馈电容 C_f 和高增益运算放大器构成。图 2.59 所示为电荷放大器等效电路图。由于运算放大器输入阻抗极高,放大器输入端几乎没有分流,故可略去 R_a 和 R_i 并联电阻,即

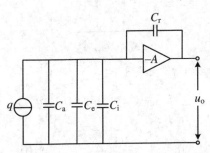

图 2.59　电荷放大器等效电路

$$u_o \approx u_{cf} = -\frac{q}{C_f} \qquad (2.116)$$

式中,u_o 为放大器输出电压;u_{cf} 为反馈电容两端电压。

由运算放大器基本特性,可求出电荷放大器的输出电压为:

$$u_o = \frac{Aq}{C_a + C_c + C_i + (1 + A)C_f} \qquad (2.117)$$

通常 $A = 104 \sim 108$,因此,当满足 $(1 + A)C_f \gg C_a + C_c + C_i$ 时,式(2.117)可表示为:

$$u_o \approx -\frac{q}{C_f} \qquad (2.118)$$

由式(2.118)可见,电荷放大器的输出电压 u_o 只取决于输入电荷与反馈电容 C_f,与电缆电容 C_c 无关,且与 q 成正比,这是电荷放大器的最大特点。

为了得到必要的测量精度,要求反馈电容 C_f 的温度和时间稳定性都很好,在实际电路中,考虑到不同的量程等因素,C_f 的容量做成可选择的,范围一般为 $100 \sim 104$ pF。

2.4.4　压电式传感器的应用

压电式传感器应用最多的是测力,凡是能转换成力的机械量如位移、压力、冲击、振动加速度等,都可用相应的压电传感器测量,尤其是对冲击、振动加速度的测量。

1. 压电式测力传感器

图 2.60 所示的是压电式单向测力传感器的结构图,主要由石英晶片、绝缘套、

电极、上盖及基座等组成。

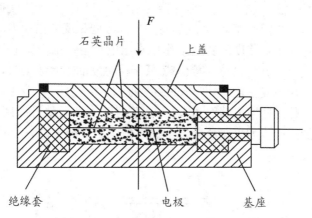

图 2.60　压力式单向测力传感器结构图

　　传感器上盖为传力元件,其外缘壁厚为 0.1~0.5 mm,当外力作用时,它将产生弹性变形,将力传递到石英晶片上。石英晶片采用 xy 切型,利用其纵向压电效应实现力—电转换。石英晶片的尺寸为 $\varnothing\,8\times1$ mm。该传感器的测力范围为 0~50 N,最小分辨率为 0.01 N,固有频率为 50~60 kHz,整个传感器重为 10 g。

2. 压电式金属加工切削力测量

　　图 2.61 是利用压电陶瓷传感器测量刀具切削力的示意图。由于压电陶瓷元件的自振频率高,特别适合测量变化剧烈的载荷。图 2.61 中的压电传感器位于车刀前部的下方,当进行切削加工时,切削力通过刀具传给压电传感器,压电传感器将切削力转换为电信号输出,记录下电信号的变化便可测得切削力的变化。

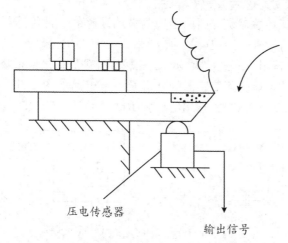

图 2.61　压电式刀具切削力测量示意图

3. 压电式加速度传感器

图 2.62 为压缩式压电加速度传感器的结构图。当传感器感受振动时,质量块感受与传感器基座相同的振动,并受到与加速度方向相反的惯性力的作用。这样,质量块就有一正比于加速度的交变力作用在压电片上。由于压电片压电效应,两个表面上就产生交变电荷,当振动频率远低于传感器的固有频率时,传感器的输出电荷(电压)与作用力成正比,亦即与试件的加速度成正比。

输出电量由传感器输出端引出,输入到前置放大器后就可以用普通的测量仪器测出试件的加速度。如果在放大器中加进适当的积分电路,就可以测出试件的振动速度或位移。

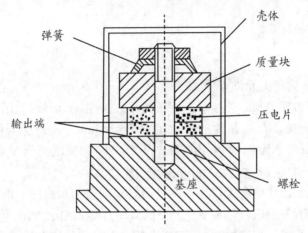

图 2.62　压电式加速度传感器结构图

4. 压电式玻璃破碎报警器

BS-D2 压电式传感器是专门用于检测玻璃破碎的一种传感器,它利用压电元件对振动敏感的特性来感知玻璃受撞击和破碎时产生的振动波。传感器把振动波转换成电压输出,输出电压经放大、滤波、比较等处理后提供给报警系统。

BS-D2 压电式玻璃破碎传感器的外形及内部电路如图 2.63 所示。传感器的最小输出电压为 100 mV,最大输出电压为 100 V,内阻抗为(15～20) kΩ。

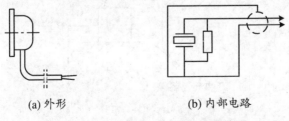

(a) 外形　　　　　　　　　　(b) 内部电路

图 2.63　BS-D2 压电式玻璃破碎报警器

报警器的电路框图如图 2.64 所示。使用时传感器用胶粘贴在玻璃上，然后通过电缆和报警电路相连。为了提高报警器的灵敏度，信号经放大后，需经带通滤波器进行滤波，要求它对选定的频谱通带的衰减要小，而频带外衰减要尽量大。由于玻璃振动的波长在音频和超声波的范围内，这就使滤波器成为电路中的关键。只有当传感器输出信号高于设定的阈值时，才会输出报警信号，驱动报警执行机构工作。

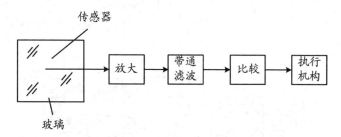

图 2.64　压电式玻璃破碎报警器电路框图

玻璃破碎报警器广泛应用于文物保管、贵重商品保管及其他商品柜台保管等场合。

2.5　磁电式传感器

磁电式传感器是利用电磁感应原理，将被测量（如振动、位移、转速等）转换成感应电动势输出的一种传感器。它不需要辅助电源，就能把被测对象的机械量转换成易于测量的电信号，是一种有源传感器，有时也称作电动势或感应式传感器。

2.5.1　磁电感应式传感器

磁电感应式传感器输出功率大、性能稳定，具有一定工作带宽（10～1 000 Hz），还具有双向转换特性，利用其逆转换效应可构成力矩发生器和电磁激振器等，因此获得了较普遍的应用。

1. 工作原理

根据电磁感应定律，当导体在稳恒均匀磁场中，沿垂直磁场方向运动时，导体内产生的感应电势 e 为：

$$e = \left| \frac{\Phi}{t} \right| = Bt \frac{\mathrm{d}x}{\mathrm{d}t} = Blv \tag{2.119}$$

式中,B 为稳恒均匀磁场的磁感应强度;l 为导体有效长度;v 为导体相对磁场的运动速度。

当一个 W 匝线圈相对静止地处于随时间变化的磁场中时,设穿过线圈的磁通为 Φ,则线圈内的感应电势 e 与磁通变化率 $d\Phi/dt$ 有如下关系:

$$e = -W \frac{d\Phi}{dt} \qquad (2.120)$$

根据这一原理,可以设计出变磁通式和恒磁通式两种结构形式,构成测量线速度或角速度的磁电式传感器。图 2.65 所示是变磁通式磁电传感器,用来测量旋转物体的角速度。

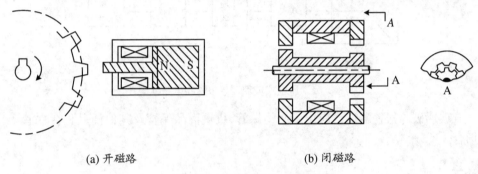

(a) 开磁路　　　　　　　　　　　　　　(b) 闭磁路

图 2.65　变磁通式磁电传感器结构图

图 2.65(a)所示为开磁路变磁通式传感器,线圈、磁铁静止不动,测量齿轮安装在被测旋转体上,随被测体一起转动。每转动一个齿,齿的凹凸引起磁路磁阻变化一次,磁通也就变化一次,线圈中产生感应电势,其变化频率等于被测转速与测量齿轮上齿数的乘积。这种传感器结构简单,但输出信号较小,且因高速轴上加装齿轮较危险而不宜测量高转速的场合。

图 2.65(b)所示为闭磁路变磁通式传感器,它由装在转轴上的内齿轮、外齿轮、永久磁铁和感应线圈组成,内外齿轮齿数相同。当转轴连接到被测转轴上时,外齿轮不动,内齿轮随被测轴而转动,内、外齿轮的相对转动使气隙磁阻产生周期性变化,从而引起磁路中磁通的变化,使线圈内产生周期性变化的感应电动势。显然,感应电势的频率与被测转速成正比。

在恒磁通式结构中,工作气隙中的磁通恒定,感应电动势是由于永久磁铁与线圈之间有相对运动——线圈切割磁感力线而产生。其运动部件可以是线圈(动圈式),也可以是磁铁(动铁式),动圈式[图 2.66(a)]和动铁式[图 2.66(b)]的工作原理是完全相同的。当壳体随被测振动体一起振动时,由于弹簧较软,运动部件质量相对较大,当振动频率足够高(远大于传感器固有频率)时,运动部件惯性很大,来不及随振动体一起振动,近乎静止不动,振动能量几乎全被弹簧吸收,永久磁铁与

线圈之间的相对运动速度接近于振动体振动速度,磁铁与线圈的相对运动切割磁力线,从而产生感应电势为:

$$e = -Blv \tag{2.121}$$

式中,B 为气隙磁通密度(T);l 为气隙磁场中,有效匝数为 W 的线圈总长度($l = l_0 W$,l_0 为每匝线圈长度);v 为线圈与磁铁延轴线方向的相对运动速度。

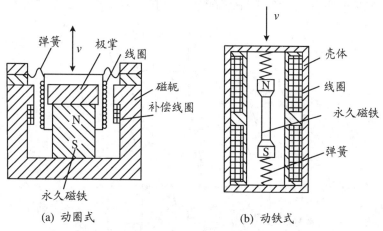

(a) 动圈式 (b) 动铁式

图 2.66 恒定磁通式磁电传感器结构原理图

2. 基本特性

当测量电路接入磁电传感器电路时,如图 2.67 所示,磁电传感器的输出电流 I_o 为:

$$I_o = \frac{E}{R + R_f} = \frac{B_o lWv}{R + R_f} \tag{2.122}$$

式中,R_f 为测量电路输入电阻;R 为线圈等效电阻。

传感器的电流灵敏度为:

$$S_I = \frac{I_o}{v} = \frac{B_o lW}{R + R_f} \tag{2.123}$$

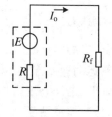

图 2.67 磁电式传感器测量电路

而传感器的输出电压和电压灵敏度分别为:

$$\left. \begin{array}{l} U_o = I_o R_f = \dfrac{B_o lWv R_f}{R + R_f} \\[3mm] S_U = \dfrac{U_o}{v} = \dfrac{B_o lW R_f}{R + R_f} \end{array} \right\} \tag{2.124}$$

当传感器的工作温度发生变化或受到外界磁场干扰、受到机械振动或冲击时,其灵敏度将发生变化,从而产生测量误差,其相对误差为:

$$\gamma = \frac{\mathrm{d}S_I}{S_I} = \frac{\mathrm{d}B}{B} + \frac{\mathrm{d}l}{l} - \frac{\mathrm{d}R}{R} \tag{2.125}$$

（1）非线性误差

磁电式传感器产生非线性误差的主要原因,是由于传感器线圈内有电流 i 变化产生附加磁通 Φ_i,叠加于永久磁铁产生的气隙磁通 Φ 上使恒定的气隙磁通变化。如图 2.68 所示,当传感器线圈相对于永久磁铁磁场的运动速度增大时,将产生较大的感应电势 e 和较大的电流 I,由此而产生的附加磁场方向与原工作磁场方向相反,减弱了工作磁场的作用,从而使得传感器的灵敏度随着被测速度的增大而降低。

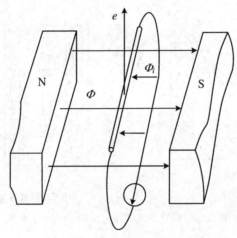

图 2.68   传感器电流的磁场效应

当线圈的运动速度与图 2.68 所示方向相反时,感应电势 e、线圈感应电流反向,所产生的附加磁场方向与工作磁场同向,从而增大了传感器的灵敏度。其结果是线圈运动速度方向不同时,传感器的灵敏度具有不同的数值,使传感器输出基波能量降低,谐波能量增加,即这种非线性特性同时伴随着传感器输出的谐波失真。显然,传感器灵敏度越高,线圈中电流越大,这种非线性越严重。

为补偿上述附加磁场干扰,可在传感器中加入补偿线圈。补偿线圈通过经放大 K 倍的电流,适当选择补偿线圈参数,可使其产生的交变磁通与传感线圈本身所产生的交变磁通互相抵消,从而达到补偿的目的。

（2）温度误差

当温度变化时,式(2.125)中右边三项都不为零,对铜线而言,每摄氏度变化量为 $\mathrm{d}l/l \approx 0.167 \times 10^{-4}$,$\mathrm{d}R/R \approx 0.43 \times 10^{-2}$,$\mathrm{d}B/B$ 每摄氏度的变化量决定于永久磁铁的磁性材料。对铝镍钴永久磁合金来说 $\mathrm{d}B/B \approx -0.02 \times 10^{-2}$,这样由式(2.125)可得近似值如下:

$$\gamma_t \approx \frac{-4.5\%}{10\,^{\circ}\mathrm{C}}$$

这一数值很可观,所以需要进行温度补偿。补偿通常采用热磁分流器,热磁分流器是由具有很大负温度系数的特殊磁性材料做成的,它在正常工作温度下已将空气隙磁通分路掉一小部分。当温度升高时,热磁分流器的磁导率显著下降,经它分流掉的磁通占总磁通的比例较正常工作温度下显著降低,从而保持空气隙的工作磁通不随温度变化,维持传感器灵敏度为常数。

3. 测量电路

磁电式传感器直接输出感应电势,且传感器通常具有较高的灵敏度,所以一般不需要高增益放大器。但磁电式传感器是速度传感器,若要获取被测位移或加速度信号,则需要配用积分或微分电路。图 2.69 所示为一般测量电路方框图。

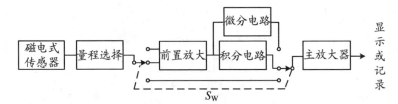

图 2.69 磁电式传感器测量电路方框图

4. 磁电式传感器的应用

(1) 动圈式振动速度传感器

图 2.70 所示为动圈式振动速度传感器的结构示意图。其结构主要特点是,外部为钢制圆形外壳,里面用铝支架将圆柱形永久磁铁与外壳固定成一体,永久磁铁中间有一小孔,穿过小孔的芯轴两端架起线圈和阻尼环,芯轴两端通过圆形膜片支撑架空且与外壳相连。工作时,传感器与被测物体刚性连接,当物体振动时,传感器外壳和永久磁铁随之振动,而架空的芯轴、线圈和阻尼环因惯性而不随之振动。因而,磁路空气隙中的线圈切割磁力线而产生正比于振动速度的感应电动势,线圈的输出通过引线输出到测量电路。该传感器测量的是振动速度参数,若在测量电路中接入积分电路,则输出电势与位移成正比;若在测量电路中接入微分电路,则其输出与加速度成正比。

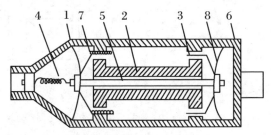

1.弹簧片;2.永久磁铁;3.阻尼器;4.引线;5.芯杆;6.外壳;7.线圈;8.弹簧片

图 2.70 动圈式振动速度传感器

(2) 磁电式扭矩传感器

图 2.71 所示为磁电式扭矩传感器的工作原理图。在驱动源和负载之间的扭转轴的两侧安装有齿形圆盘。它们旁边装有相应的两个磁电传感器。

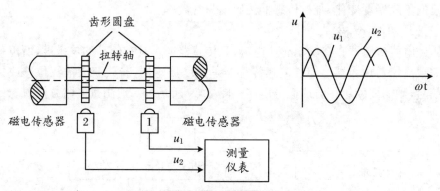

图 2.71　磁电式扭矩传感器工作原理图

磁电传感器的结构如图 2.72 所示。传感器的检测元件部分由永久磁铁、感应线圈和铁芯组成。永久磁铁产生的磁力线与齿形圆盘交连。当齿形圆盘旋转时，圆盘齿凸凹引起磁路气隙的变化，于是磁通量也发生变化，在线圈中感应出交流电压，其频率在数值上等于圆盘上齿数与转数的乘积。

当扭矩作用在扭转轴上时，两个磁电传感器输出的感应电压 u_1 和 u_2 存在相位差。这个相位差与扭转轴的扭转角成正比。这样，传感器就可以把扭矩引起的扭转角转换成相位差的电信号。

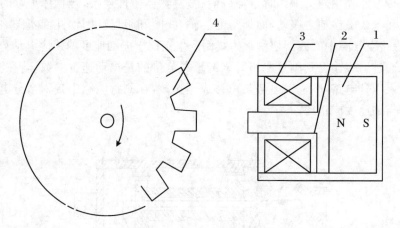

1.永久磁铁；2.铁芯；3.感应线圈；4.齿轮

图 2.72　磁电式传感器结构图

2.5.2 霍尔传感器

霍尔传感器是一种基于霍尔效应的传感器。1879 年美国物理学家霍尔首先在金属材料中发现了霍尔效应,但由于金属材料的霍尔效应太弱而没有得到应用。随着半导体技术的发展,开始用半导体材料制成霍尔元件,由于其霍尔效应显著而得到应用和发展。霍尔传感器广泛用于电磁、压力、加速度、振动等方面的测量。

1. 霍尔效应及霍尔元件

(1) 霍尔效应

置于磁场中的静止载流导体,当它的电流方向与磁场方向不一致时,载流导体会在平行于电流和磁场方向上的两个面之间产生电动势,这种现象称为霍尔效应,该电势称霍尔电势。

如图 2.73 所示,在垂直于外磁场 B 的方向上放置一导电板,导电板通以电流 I,方向如图所示。导电板中的电流使金属中自由电子在电场作用下做定向运动。此时,每个电子受洛伦兹力 f_1 的作用,f_1 的大小为:

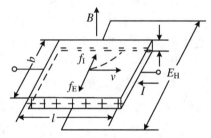

图 2.73 霍尔效应原理图

$$f_1 = eBv \qquad (2.126)$$

式中,e 为电子电荷;v 为电子运动平均速度;B 为磁场的磁感应强度。

f_1 的方向在图 2.73 中是向内的,此时电子除了沿电流反方向作定向运动外,还在 f_1 的作用下漂移,结果使金属导电板内侧面积累电子,而外侧面积累正电荷,从而形成了附加内电场 E_H,称霍尔电场,该电场强度为:

$$E_H = \frac{U_H}{b} \qquad (2.127)$$

式中,U_H 为电位差。

霍尔电场的出现,使定向运动的电子除了受洛伦兹力作用外,还受到霍尔电场力的作用,其力的大小为 eE_H,此力阻止电荷继续积累。随着内、外侧面积累电荷的增加,霍尔电场增大,电子受到的霍尔电场力也增大,当电子所受洛伦磁力与霍尔电场作用力大小相等方向相反,即

$$eE_H = eBv \qquad (2.128)$$

则

$$E_H = Bv \qquad (2.129)$$

此时电荷不再向两侧面积累,达到平衡状态。

若金属导电板单位体积内电子数为 n，电子定向运动平均速度为 v，则激励电流 $I = nevbd$，即

$$v = \frac{I}{nebd} \qquad (2.130)$$

将式(2.130)代入式(2.129)得：

$$E_H = \frac{IB}{nebd} \qquad (2.131)$$

将上式代入式(2.127)，得：

$$U_H = \frac{IB}{ned} \qquad (2.132)$$

式中，令 $R_H = 1/ne$，称之为霍尔常数，其大小取决于导体载流子密度，则

$$U_H = \frac{R_H IB}{d} = K_H IB \qquad (2.133)$$

式中，$K_H = R_H/d$ 称为霍尔片的灵敏度。

由式(2.133)可见，霍尔电势正比于激励电流及磁感应强度，其灵敏度与霍尔系数 R_H 成正比而与霍尔片厚度 d 成反比。为了提高灵敏度，霍尔元件常制成薄片形状。

霍尔元件激励极间电阻 $R = \rho l/(bd)$，同时 $R = U/I = El/I = vl/(\mu nevbd)$（因为 $\mu = v/E$，μ 为电子迁移率），则

$$\frac{\rho l}{bd} = \frac{l}{\mu nebd} \qquad (2.134)$$

解得：

$$R_H = \mu \rho \qquad (2.135)$$

从式(2.135)可知，霍尔常数等于霍尔片材料的电阻率与电子迁移率 μ 的乘积。若要霍尔效应强，则希望有较大的霍尔系数 R_H，因此要求霍尔片材料有较大的电阻率和载流子迁移率。一般金属材料载流子迁移率很高，但电阻率很小；而绝缘材料电阻率极高，但载流子迁移率极低，故只有半导体材料才适于制造霍尔片。

(2) 霍尔元件

目前常用的霍尔元件材料有：锗、硅、砷化铟、锑化铟等半导体材料。其中 N 型锗容易加工制造，其霍尔系数、温度性能和线性度都较好；N 型硅的线性度最好，其霍尔系数、温度性能同 N 型锗；锑化铟对温度最敏感，尤其在低温范围内温度系数大；砷化铟的霍尔系数较小，温度系数也较小，输出特性线性度好。

霍尔元件的结构简单，它一般由霍尔片、四根引线和壳体组成，如图 2.74(a) 所示。霍尔片是一块矩形半导体单晶薄片，引出四根引线：1 及 1′ 两根引线加激励电压或电流，称激励电极(控制电极)；2 及 2′ 引线为霍尔输出引线，称霍尔电极。霍尔元件的壳体是用非磁导金属、陶瓷或环氧树脂封装的。在电路中，霍尔元件一

般可用两种符号表示,如图 2.74(b)所示。

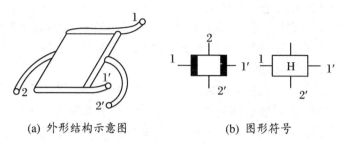

(a) 外形结构示意图　　　　(b) 图形符号

1、1′.激励电极; 2、2′.霍尔电极

图 2.74　霍尔元件

霍尔元件的主要特性参数有:

① 额定激励电流和最大允许激励电流:通常定义使霍尔片温升 10℃时所施加的电流值为额定激励电流。以元件允许最大温升为限制所对应的激励电流称为最大允许激励电流。因霍尔电势随激励电流增加而线性增加,所以使用中希望选用尽可能大的激励电流,因而需要知道元件的最大允许激励电流。改善霍尔元件的散热条件,可以使激励电流增加。

② 输入电阻和输出电阻:激励电极间的电阻值称为输入电阻。霍尔电极输出电势对电路外部来说相当于一个电压源,其电源内阻即为输出电阻。以上电阻值是在磁感应强度为零,且环境温度在 20 ± 5℃时所确定的。

③ 不等位电势和不等位电阻:当霍尔元件的激励电流为 I 时,若元件所处位置磁感应强度为零,则它的霍尔电势应该为零,但实际不为零。这时测得的空载霍尔电势称为不等位电势。

产生这一现象的原因有:

a．霍尔电极安装位置不对称或不在同一等电位面上;

b．半导体材料不均匀造成了电阻率不均匀或是几何尺寸不均匀;

c．激励电极接触不良造成激励电流不均匀分布等。

④ 寄生直流电势:在外加磁场为零、霍尔元件用交流激励时,霍尔电极输出除了交流不等位电势外,还有一直流电势,称为寄生直流电势。其产生的原因有:

a．激励电极与霍尔电极接触不良,形成非欧姆接触,造成整流效果;

b．两个霍尔电极大小不对称,则两个电极点的热容不同,散热状态不同而形成极间温差电势。

寄生直流电势一般在 1 mV 以下,它是影响霍尔片温漂的因素之一。

⑤ 霍尔电势温度系数:在一定磁感应强度和激励电流下,温度每变化 1℃时,霍尔电势变化的百分率称为霍尔电势温度系数。它同时也是霍尔系数的温度

系数。

2. 霍尔传感器的应用

霍尔传感器具有结构简单、形小体轻、使用方便、频带宽、动态特性好和寿命长等优点,目前广泛应用于位移、压力、转速等物理量的测量。

(1) 霍尔式微位移传感器

图 2.75 给出了一些霍尔式位移传感器的工作原理图。图 2.75(a)所示的是磁场强度相同的两块永久磁铁,同极性相对地放置,霍尔元件处在两块磁铁的中间。由于磁铁中间的磁感应强度 $B=0$,因此霍尔元件输出的霍尔电势 U_{H} 也等于零,此时位移 $\Delta x=0$。若霍尔元件在两磁铁中产生相对位移,霍尔元件感受到的磁感应强度也随之改变,这时 U_{H} 不为零,其量值大小反映出霍尔元件与磁铁之间相对位置的变化量。这种结构的传感器,其动态范围可达 5 mm,分辨率为 0.001 mm。

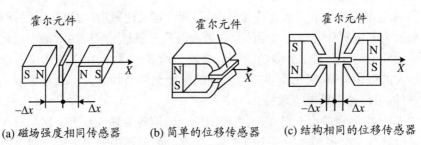

(a)磁场强度相同传感器　　(b) 简单的位移传感器　　(c) 结构相同的位移传感器

图 2.75　霍尔式位移传感器的工作原理图

图 2.75(b)所示的是一种结构简单的霍尔位移传感器,是由一块永久磁铁组成磁路的传感器,在霍尔元件处于初始位置 $\Delta x=0$ 时,霍尔电势 U_{H} 不等于零。

图 2.75(c)所示的是一个由两个结构相同的磁路组成的霍尔式位移传感器,为了获得较好的线性分布,在磁极端面装有极靴,霍尔元件调整好初始位置时,可以使霍尔电势 $U_{H}=0$。这种传感器灵敏度很高,但它所能检测的位移量较小,适合于微位移量及振动的测量。

(2) 霍尔式转速传感器

图 2.76 所示的是几种不同结构的霍尔式转速传感器。转盘的输入轴与被测转轴相连,当被测转轴转动时,转盘随之转动,固定在转盘附近的霍尔传感器便可在每一个小磁铁通过时产生一个相应的脉冲,检测出单位时间的脉冲数,便可知被测转速。根据磁性转盘上小磁铁的数目就可确定传感器测量转速的分辨率。

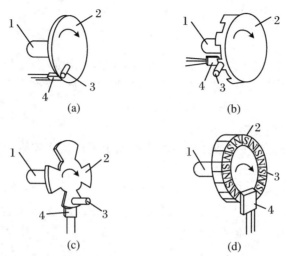

1.输入轴;　2.转盘;　3.小磁铁;　4.霍尔传感器

图 2.76　几种霍尔式转速传感器的结构

2.6　光电式传感器

　　光电式传感器是一种将光信号变化转换为电信号的传感器,其物理原理为光电效应。它采用光电元件作为检测元件,首先把被测量的变化转换成光信号的变化,然后通过光电器件将相应的光信号转换成电信号。光电检测方法具有结构简单、精度高、反应快、非接触、不易受电磁干扰等优点,且可测参数多,因而在检测和控制中得到广泛应用。

　　光电传感器一般由光源、光学通路和光电器件三部分组成,其组成原理图如图 2.77 所示。

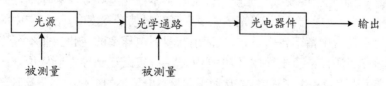

图 2.77　光电式传感器原理图

　　光电传感器的主要不足是易受外界光干扰,对光信号的检测处理比较困难,抗振动与冲击性能差。

2.6.1　光电效应

光电效应是光照射到物体表面上使物体发射电子或使导电率发生变化或产生光电动势等,这种因光照而引起物体电学特性发生改变统称为光电效应。光电效应可分为外光电效应和内光电效应两类。

1.外光电效应

外光电效应是指,在光线作用下物体内的电子逸出物体表面向外发射的物理现象,多发生于金属和金属氧化物。

根据爱因斯坦的假设,一个光子的能量只给一个电子,因此,如果要使一个电子从物质表面逸出,光子具有的能量 E 必须大于该物质表面的逸出功 A_0,这时逸出表面的电子就具有动能 E_k:

$$E_k = \frac{1}{2}mv_0^2 = h\gamma - A_0 \qquad (2.136)$$

式中,m 为电子质量;v_0 为电子逸出时的初速度;h 为普朗克常数,$h = 0.626 \times 10^{-34}(J \cdot s)$;$\gamma$ 为光的频率。

由上式可见,光电子逸出时所具有的初始动能 E_k 与光的频率有关,频率高则动能大。由于不同材料具有不同的逸出功,因此对某种材料而言便有一个频率限,当入射光的频率低于此频率限时,不论光强多大,也不能激发出电子;反之,当入射光的频率高于此极限频率时,即使光线微弱也会有光电子发射出来,这个极限频率称为"红限频率",其波长为:$\lambda_k = hc/A_0$。其中,c 为光在空气中的速度,λ_k 为波长,$\lambda_k = c/\gamma$,该波长称为临界波长。

基于外光电效应的光电器件属于光电发射型器件,有光电管、光电倍增管等。

2.内光电效应

内光电效应是指,物体受到光照后所产生的光电子只在物质内部而不会逸出物体外部,多发生在半导体内。内光电效应又分为光电导效应和光生伏特效应两类。

光电导效应是指半导体受光照后,内部产生光生载流子,使半导体中载流子数显著增加而电阻减少的现象。光电导效应包括本征光电导效应和非本征光电导效应。本征光电导效应指的是:当光子能量大于材料禁带宽度时,把价带中的电子激发到导带,在价带中留下自由空穴,从而引起材料电导率的变化。非本征光电导效应指的是:光子激发杂质半导体,使电子从施主能级跃迁到导带或从价带跃迁到受主能级,产生光生自由电子或空穴,从而引起材料电导率的变化。基于这种效应的光电器件有光敏电阻(光电导型)和反向工作的光敏二极管、光敏三极管(光电导结型)。

光生伏特效应是指,光线作用能使半导体材料 PN 结产生一定方向电动势的现象。因此光生伏特型光电器件是自发电式的,属有源器件。以可见光作光源的光电池是常用的光生伏特型器件,硒和硅是光电池常用的材料,也可以使用锗。

2.6.2　光电导器件

基于外光电效应的光电敏感器件有光电管和光电倍增管。基于内光电效应的有光敏电阻、光敏二极管和光敏三极管等。

1. 光电管

(1) 原理

光电管是利用外光电效应制成的光电元件。光电管有真空光电管和充气光电管,或称电子光电管和离子光电管两类。两者结构相似,如图 2.78 所示。它由一个阴极和一个阳极构成,并且密封在一只真空玻璃管内。阴极装在玻璃管内壁上,其上涂有光电发射材料。阳极通常用金属丝弯曲成矩形或圆形,置于玻璃管的中央。

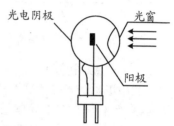

图 2.78　光电管的结构示意图

(2) 主要性能

光电管器件的性能主要由伏安特性、光照特性、光谱特性、响应时间、峰值探测率和温度特性来描述。

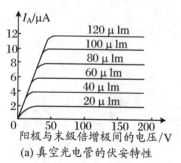

(a) 真空光电管的伏安特性

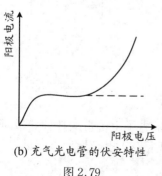

(b) 充气光电管的伏安特性

图 2.79

① 光电管的伏安特性:在一定的光照射下,对光电器件的阴极所加电压与阳极所产生的电流之间的关系称为光电管的伏安特性。光电管的伏安特性曲线如图 2.79所示,它是应用光电传感器参数的主要依据。

② 光电管的光照特性:通常指当光电管的阳极和阴极之间所加电压一定时,光通量与光电流之间的关系为光电管的光照特性。其特性曲线如图2.80所示。

图 2.80 中,曲线 1 表示氧铯阴极光电管的光照特性,光电流 I 与光通量呈线性关系。曲线 2 为锑铯阴极的光电管光照特性,它成非线性关系。光照特性曲线的斜率(光电流与入射光光通量之间比)称为光电管的灵敏度。

③ 光电管的光谱特性:由于光阴极对光谱有选择性,因此光电管对光谱也有选择性。保持光通量

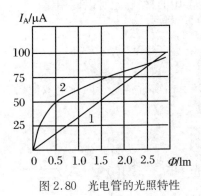

图 2.80　光电管的光照特性

和阴极电压不变,阳极电流与光波长之间的关系称为光电管的光谱特性。一般对于光电阴极材料不同的光电管,它们有不同的红限频率,因此它们可用于不同的光谱范围。除此之外,即使照射在阴极上的入射光的频率高于红限频率,并且强度相同,随着入射光频率的不同,阴极发射的光电子的数量还会不同,即同一光电管对于不同频率的光的灵敏度不同,这就是光电管的光谱特性。所以,对各种不同波长区域的光,应选用不同材料的光电阴极。

2. 光敏电阻

光敏电阻是光电导型器件,其工作原理是基于光电导效应。光敏电阻材料主要是硅、锗和化合物半导体,例如:硫化镉(CdS),锑化铟(InSb)等。其特点是:光谱响应范围宽(特别是对于红光和红外辐射);偏置电压低,工作电流大;动态范围宽,既可测强光,也可测弱光;光电导增益大,灵敏度高;无极性,使用方便;在强光照射下,光电线性度较差,光电弛豫时间较长,频率特性较差。

光敏电阻的结构见图 2.81,在一块均匀光电导体两端加上电极,贴在硬质玻璃、云母、高频瓷或其他绝缘材料基板上,两端接有电极引线,封装在带有窗口的金属或塑料外壳内。

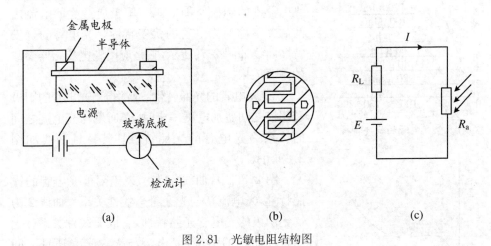

图 2.81　光敏电阻结构图

光敏电阻的工作机理是:当入射光子使半导体中的电子由价带跃迁到导带时,导带中的电子和价带中的空穴均参与导电,其阻值急剧减小,电导增加。

光敏电阻可分为本征型和杂质型两种类型。

本征型光敏电阻:当入射光子的能量等于或大于半导体材料的禁带宽度 E_g 时,激发一个电子—空穴对,在外电场的作用下,形成光电流。

杂质型光敏电阻:对于 N 型半导体,当入射光子的能量等于或大于杂质电离能 ΔE 时,将施主能级上的电子激发到导带而成为导电电子,在外电场的作用下,形成光电流。

本征型用于可见光长波段,杂质型用于红外波段。

3. 光敏二极管与光敏三极管

光敏二极管又称为光电二极管,它是将光能转换为电信号(电压)的半导体器件。其结构与普通二极管相似,只是在管壳上留有一个能使光线照入的窗口。其符号如图 2.82(a)所示,在电路中一般是处于反向工作状态。

(1) 光敏二极管工作特性

在没有光照射时,反向电阻很大,反向电流很小,这反向电流称为暗电流,当光照射在 PN 结上,光子打在 PN 结附近,使 PN 结附近产生光生电子和光生空穴对,它们在 PN 结处的内电场作用下作定向运动,形成光电流,如图 2.82(b)所示。光的照度越大,光电流越大。光敏二极管在不受光照射时处于截止状态,受光照射时处于导通状态。

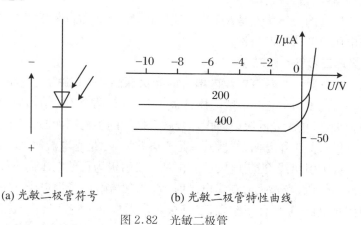

(a) 光敏二极管符号　　　　　(b) 光敏二极管特性曲线

图 2.82　光敏二极管

光敏二极管工作在反偏状态下的影响有:

① 反偏压的施加,增加了耗尽层的宽度和结电场,电子—空穴在耗尽层复合机会少,提高光敏二极管的灵敏度。

② 增加了耗尽层的宽度,结电容减小,提高器件的频响特性。

但是,为了提高灵敏度及频响特性,却不能无限地加大反向偏压,因为它还受到 PN 结反向击穿电压等因素的限制。

(2) PIN 光电二极管

PIN 光电二极管是一种快速光电二极管，简称 PIN PD（PIN Photodiode）。PIN 光电二极管结构是在掺杂浓度很高的 P 型半导体和 N 型半导体之间夹着一层较厚的高阻本征半导体 I，其结构示意图如图 2.83 所示。这样，PN 结的内电场就基本上全部集中于 I 层，从而使 PN 结的结间距拉大，结电容变小。由于工作在反偏状态，随着反偏电压的增大，结电容变小，从而提高了 PIN 光电二极管的频率响应。与一般光电二极管相比，PIN 光电二极管结电容变得更小，频率响应高，带宽可达

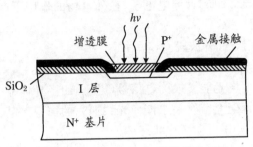

图 2.83　PIN 光电二极管结构示意图

10 GHz；线性输出范围宽。PIN 光电二极管多应用在光通信、雷达以及其他快速光自动控制领域。

光电二极管常用材料有：硅，锗，锑化铟，碲镉汞，碲锡铅，砷化铟，碲化铅等，使用最广泛的是硅、锗二极管。

光电二极管的突出优点是：① 响应速度快，精巧，坚固；② 良好的温度稳定性和低工作电压（10～20 V）特性。

(3) 光敏三极管

光敏三极管是一种具有电流内增益的光伏探测器，又称为光电晶体管（Photo Transistor，简称 PT）。它与一般晶体管很相似，具有两个 PN 结，只是它的发射极一边做得很大，以扩大光的照射面积。光敏三极管的结构图如图 2.84 所示。

光敏三极管的工作有两个过程：一是光电转换，二是光电流放大。大多数光敏晶体管的基极无引出线，当集电极加上相对于发射极为正的电压而不接基极时，集电结就是反向偏压，当光照射在集电结时，就会在结附近产生电子—空穴对，光生电子被拉到集电极，基区留下空穴，使基极与发射极间的电压升高，这样便会有大量的电子流向集电极，形成输出电流，且集电极电流为光电流的 β 倍，所以光敏晶体管有放大作用。

光敏三极管的灵敏度比光敏二极管高，输出电流也比光敏二极管大，多为毫安级。光敏二极管的光电特性线性较好，但光电流较小（微安量级），灵敏度较低。光敏三极管与光敏二极管相比，具有较高的输出光电流，但线性较差，主要是由电流放大倍数的非线性所致。在大照度时，光敏三极管不能作线性转换元件，但可以作开关元件使用。

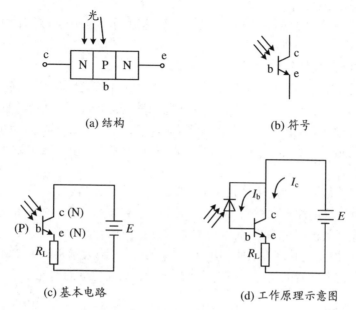

(a) 结构　　　　　　　　　　　　(b) 符号

(c) 基本电路　　　　　　　(d) 工作原理示意图

图 2.84　光敏三极管结构图

4. 光电耦合器件

光电耦合器件(Opto-isolator,或 Optical Coupler,缩写为 OC),亦称光耦合器或光隔离器以及光电隔离器,简称光耦。光电耦合元件是以光作为媒体来传输电信号的一组装置,它是由发光元件(如发光二极管)和光电接收元件合并使用,以光作为媒介传递信号的光电器件。光电耦合器中的发光元件通常是半导体的发光二极管,光电接收元件有光敏电阻、光敏二极管、光敏三极管或光可控硅等。其功能是平时维持电信号输入、输出间有良好的隔离作用,需要时可以使电信号通过隔离层的传送方式。

根据光电耦合器件的结构特点和用途不同,可分为用于实现电隔离的光电耦合器和用于检测有无物体的光电开关。

光电耦合器是以光为传输信号的媒介,在传输信号的同时能有效地抑制尖脉冲和各种杂讯干扰,因此具有以下几方面的特点:

① 光电耦合器的输入阻抗很小,只有几百欧姆,而干扰源的阻抗较大,通常为 $1.0 \times 10^5 \sim 1.0 \times 10^6 \, \Omega$,具有良好的隔离性。

② 光电耦合器具有传输单向性,信号只能从发光源单向传输到光电接收元件而不会反馈,避免了共阻抗耦合的干扰信号的产生。

③ 光电耦合器可起到很好的安全保障作用,即使当外部设备出现故障,甚至输入信号线短接时,也不会损坏仪表。因为光耦合器件的输入回路和输出回路之

间可以承受几千伏的高压。

④ 光电耦合器的响应速度快,其响应延迟时间只有 10 μs 左右,可用于高频电路。

⑤ 结构简单、体积小、寿命长、无触点。

光电耦合器件广泛用于电气绝缘、电平转换、级间耦合、驱动电路、开关电路、斩波器、多谐振荡器、信号隔离、脉冲放大电路、远距离信号传输、固态继电器(SSR)、仪器仪表、通信设备及微机电接口中。在单片开关电源中,利用线性光耦合器可构成光耦回馈电路,通过调节控制端电流来改变占空比,达到精密稳压目的。

光电开关是一种利用感光元件对变化的入射光加以接收,并进行光电转换,同时加以某种形式的放大和控制,从而获得最终的控制输出"开"、"关"信号的器件。

用光电开关检测物体时,大部分只要求其输出信号有"高—低"$(1-0)$之分即可。图 2.85 所示是其基本电路的示例,图中的(a)、(b)表示负载为 CMOS 比较器等高输入阻抗电路时的情况,(c)表示用晶体管放大光电流的情况。

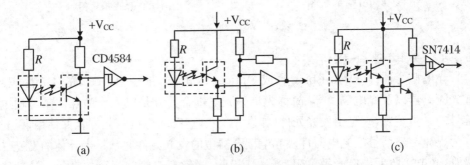

图 2.85 光电开关的基本电路

光电开关广泛应用于工业控制、自动化包装线及安全装置中作光控制和光探测装置。

5. 电荷耦合器件

电荷耦合器件(Charge Couple Device,简称 CCD)是一种金属氧化物半导体(MOS)集成电路器件。它以电荷作为信号,基本功能是进行电荷的存储和电荷的转移。它集电荷存储、移位和输出为一体,应用于成像技术、数据存储和信号处理等电路中。CCD 自 1970 年问世以来,由于其低噪声等特点而发展迅速,广泛应用于生活、天文、医疗、电视、传真、通信以及工业检测和自动控制系统。

(1) CCD 的工作原理

一个完整的 CCD 器件由光敏元、转移栅、移位寄存器及一些辅助输入、输出电路组成。CCD 工作时,在设定的积分时间内,光敏元对光信号进行取样,将光的强弱转换为各光敏元的电荷量。取样结束后,各光敏元的电荷在转移栅信号驱动下,转移到 CCD 内部的移位寄存器相应单元中。移位寄存器在驱动时钟的作用下,将信号电荷顺次转移到输出端。输出信号可接到示波器、图像显示器或其他信号存储、处理设备中,可对信号再现或进行存储处理。

　　CCD 工作过程是:先将半导体产生的(与照度分布相对应)信号电荷注入势阱中,再通过内部驱动脉冲控制势阱的深浅,使信号电荷沿沟道朝一定的方向转移,最后经输出电路形成一维时序信号。

(2) MOS 电容器的电学特性

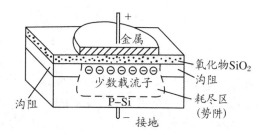

图 2.86　CCD 的光敏元件

　　CCD 光敏元的基础是金属—氧化物—硅 MOS 电容器,如图 2.86 所示。当栅极 G 施加正偏压 U_G 之前($U_G = 0$),P 型半导体中的空穴(多数载流子)的分布是均匀的;当栅极电压加正向偏压($U_G < U_{th}$)后,空穴被排斥,产生耗尽区,偏压继续增加,耗尽区进一步向半导体内延伸;当 $U_G > U_{th}$ 时,半导体与绝缘体界面上的电势变得如此之高,以至于将半导体体内的电子(少数载流子)吸引到表面,形成电荷浓度极高的极薄反型层,反型层电荷的存在说明了 MOS 结构具有存储电荷的功能。当 MOS 电容器栅压大于开启电压 U_G,周围电子迅速地聚集到电极下的半导体表面处,形成对于电子的势阱。

(3) 基于 CCD 的尺寸测量

　　图 2.87 所示为一快速自动检测工件尺寸的测量系统,在其上装有光学系统、

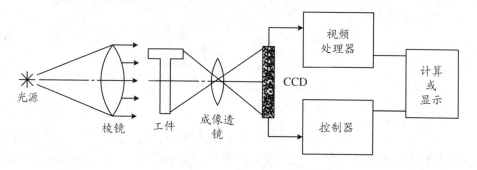

图 2.87　工件尺寸测量系统

图像传感器、和微处理机等。被测工件成像在 CCD 图像传感器的光敏阵列上,产生工件轮廓的光学边缘。时钟和扫描脉冲电路对每个光敏元顺次询问,视频输出

馈送到脉冲计数器,并把时钟选送入脉冲计数器,启动阵列扫描的扫描脉冲也用来把计数器复位到零。复位之后,计数器计算和显示由视频脉冲选通的总时钟脉冲数。显示数 n 就是工件成像覆盖的光敏元数目,根据该数目来计算工件尺寸。

用 L 代表被测元件的尺寸,p 是 CCD 像素尺寸,M 是光学系统的放大倍数,n 是图像像素数量,则被测对象长度 L 为:

$$L = \frac{1}{M} \cdot np$$

2.6.3　光电式传感器的应用

光电式传感器的最大特点是非接触式测量。由于光电测量方法灵活多样,可测参数众多,又具有非接触、高精度、高分辨率、高可靠性和响应快等优点,加之激光光源、光栅、光学码盘、CCD 器件、光导纤维等的相继出现和成功应用,使得光电传感器在检测和控制领域得到了广泛的应用。

光电传感器在工业上的应用可归纳为辐射式、吸收式、反射式和遮光式四种基本形式。图 2.88 所示表明了四种形式的工作方式。

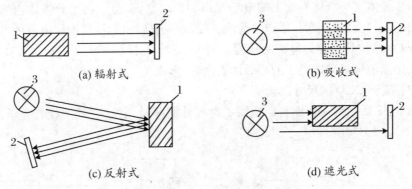

(a) 辐射式　　　　　　　　(b) 吸收式

(c) 反射式　　　　　　　　(d) 遮光式

1. 被测物;　2. 光电元件;　3. 恒光源

图 2.88　光电传感器的几种工作形式

(1) 辐射式

即光源本身是被测物,被测物发出的光投射到光电元件上,光电元件的输出反映了光源的某些物理参数,如图 2.88(a) 所示。典型的例子有光电高温比色温度计、光照度计、照相机曝光量控制等。

(2) 吸收式

即恒光源发射的光通量穿过被测物,一部分由被测物吸收,剩余部分投射到光电元件上,吸收量决定于被测物的某些参数,如图 2.88(b) 所示,典型例子如透明度计、浊度计等。

（3）反射式

即恒光源发出的光通量投射到被测物上,然后从被测物表面反射到光电元件上,光电元件的输出反映了被测物的某些参数,如图 2.88(c)所示。典型的例子如用反射式光电法测转速、测量工件表面粗糙度、纸张的白度等。

（4）遮光式

即恒光源发出的光通量在到达光电元件的途中遇到被测物,照射到光电元件上的光通量被遮蔽掉一部分,光电元件的输出反映了被测物的尺寸,如图 2.88(d)所示。典型的例子如振动测量、工件尺寸测量等。

下面通过实例,说明光电传感器的具体应用。

1. 直射式光电转速传感器

该直射式光电转速传感器的特点是可以在距被测物数十毫米外非接触地测量其转速。其结构如图 2.89 所示,它由开孔圆盘、光源、光敏元件及缝隙板等组成。

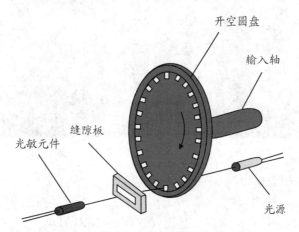

开空圆盘

输入轴

缝隙板

光敏元件

光源

图 2.89　直射式光电转速传感器结构示意图

开孔圆盘的输入轴与被测轴相连接,光源发出的光,通过开孔圆盘和缝隙板照射到光敏元件上被光敏元件所接收,将光信号转为电信号输出。开孔圆盘上有许多小孔,开孔圆盘旋转一周,光敏元件输出的电脉冲个数等于圆盘的开孔数,因此,可通过测量光敏元件输出的脉冲频率,得知被测转速,即

$$n = \frac{f}{Z} \tag{2.137}$$

式中,n 为转速;f 为脉冲频率;Z 为圆盘开孔数。

2. 光电鼠标

光电鼠标就是利用 LED 与光敏晶体管组合来测量位移。光电鼠标与机械式鼠标最大的不同之处在于其定位方式不同。它是通过检测鼠标器的位移,将位移信号转换为电脉冲信号,再通过程序的处理和转换来控制屏幕上的光标箭头移动的。

　　光电鼠标的内部结构如图 2.90 所示,其工作原理如下:在光电鼠标内部有一个发光二极管,通过该发光二极管发出的光线,照亮鼠标底部表面。然后将光电鼠标底部表面反射回的一部分光线,经过一组光学透镜,传输到一个光感应器件(微成像器)内成像。这样,当光电鼠标移动时,其移动轨迹便会被记录为一组高速拍摄的连贯图像。最后利用内部的一块专用图像分析芯片(DSP,即数字微处理器)对移动轨迹上摄取的一系列图像进行分析处理,通过对这些图像上特征点位置的变化进行分析,来判断鼠标的移动方向和移动距离,从而完成光标的定位。

图 2.90　光电鼠标内部结构

　　光电鼠标的组成结构主要有:光学感应器、光学透镜、发光二极管、接口微处理器、轻触式按键、滚轮、连线、PS/2 或 USB 接口、外壳等。图 2.91 所示为双飞燕DP-220 光电鼠标的控制电路图。其控制芯片 PAN3401DK 是光电鼠标的控制核心,负责协调光电鼠标中各元器件的工作,并与外部电路进行沟通(桥接)及各种信号的传送和收取。

3. 激光位移干涉仪

　　激光位移干涉仪通常采用经典的迈克尔逊干涉仪结构,由于使用了激光,光源的相干性和亮度均较好,因此一般情况下不需要用小孔光阑来提高相干度,由于激光的相干长度较长,在实际应用中无需补偿板即可进行较大长度和位移的测量。

　　在实际测量中,通常将一个反射镜固定不动,另一反射镜与被测件相连,当被测件沿测量臂光束方向移动时,即可出现干涉条纹的移动。干涉条纹移动 N 条时,位移为:

$$\Delta L = N \frac{\lambda}{2} = N \frac{\lambda_0}{2n} \qquad (2.138)$$

式中,λ 为光波真空中波长,n 为光路处介质折射率。

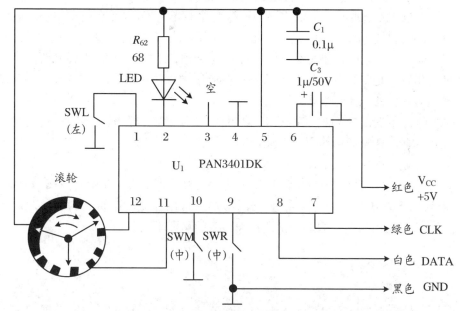

图 2.91 双飞燕 DP-220 光电鼠标的控制电路图

干涉仪若在空气中测量,一般可取 $n = 1$,但在一些特别精密的测量中,环境温度、气压、湿度等将会对测量造成影响,因此需要对测量结果进行修正。

如图 2.92 所示,其中图 2.92(a)为两个反射镜均用角隅棱镜代替,这种干涉仪的调节较为容易掌握,其测量稳定性也可得以提高,并且没有反射光进入激光器,不会引起激光器输出功率的波动,在测量中 M_1、M_2 均可作为动镜。但由于两角隅棱镜必须配对加工,其精度要求很高,于是人们又设计了只用一个角隅棱镜的光路,如图 2.92(b)所示。其中 G_1、G_2 为半反射镜,被 G_1 反射的光束为参考光,由 G_1 透射的光束为测试光,M 为动镜,被固定在可移动的待测件上,这种光路同样也可避免反射光进入激光器。

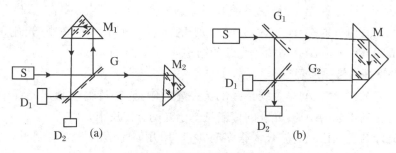

图 2.92 采用角隅棱镜的光路

光电式传感器在应用中的注意事项如下：

① 模拟式光电传感器的输出量为连续变化的光电流，因此在应用中要求光电器件的光照特性呈单值线性，光源的光照要求保持均匀稳定。

② 开关式光电传感器的输出信号对应于光电信号"有"、"无"受到光照两种状态，即输出特性是断续变化的开关信号。在应用中这类传感器要求光电元件灵敏度高，而对元件的光照特性要求不高。

③ CCD 传感器在分时使用 CCD 器件时，应注意在转移电荷期间避免受到光照，以免因多次感光而破坏原有图像。

④ 在使用光电隔离器时要使发光元件与接受元件的工作波长相匹配，保证具备较高的灵敏度。具体选用如下：LED—光敏三极管形式常用于信号隔离，频率在 100 kHz 以下；LED—复合管（或达林顿管）形式常用在低功率负载的直接驱动等场合；LED—光控晶闸管的形式常用在大功率的隔离驱动场合。

2.6.4　光纤传感器

光纤传感器（Fiber Optical Sensor, FOS）是 20 世纪 70 年代中期发展起来的一种基于光导纤维的新型传感器。它是光纤和光通信技术迅速发展的产物，它与以电为基础的传感器有本质区别。光纤传感器用光作为敏感信息的载体，用光纤作为传递敏感信息的媒质。因此，它同时具有光纤及光学测量的特点。

光纤传感器以其高灵敏度、抗电磁干扰、耐腐蚀、可挠曲、体积小、结构简单以及与光纤传输线路相容等特点和优点，受到世界各国广泛重视。已被证明，光纤传感器可应用于对位移、振动、转动、压力、弯曲、应变、速度、加速度、电流、磁场、电压、湿度、温度、声场、流量、浓度、pH 等对多个物理（化学）量的测量，且具有十分广泛的应用潜力和发展前景。

1. 光纤的结构和传输原理

（1）光纤的结构

光导纤维简称为光纤，是用光透射率高的电介质（如石英、玻璃、塑料等）构成的光通路。它由折射率 n_1 较大（光密介质）的纤芯和折射率 n_2 较小（光疏介质）的包层构成的双层同心圆柱结构。光纤的结构如图 2.93 所示。

（2）光纤的传输原理

众所周知，光在空间是直线传播的。在光纤中，光的传输限制在光纤中，并随光纤能传送到很远的距离，光纤的传输是基于光的全内反射。

当光纤的直径比光的波长大很多时，可以用几何光学的方法来说明光在光纤内的传播，其传光原理如图 2.94 所示。

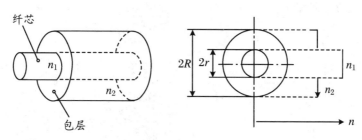

图 2.93　光纤的结构图

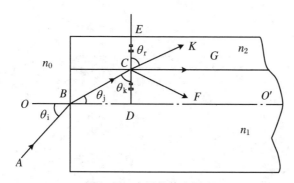

图 2.94　光纤的传光原理

2. 光纤传感器分类

光纤传感器一般可分为两大类:一类是功能型传感器(Function Fiber Optic Sensor),又称 FF 型光纤传感器;另一类是非功能传感器(Non-Function Fiber Optic Sensor),又称 NF 型光纤传感器。前者是利用光纤本身的特性,把光纤作为敏感元件,所以又称传感型光纤传感器;后者是利用其他敏感元件感受被测量的变化,光纤仅作为光的传输介质,用以传输来自远处或难以接近场所的光信号,因此,也称传光型光纤传感器。

此外,由于光纤传感器通过将被测量变换为光波的强度、频率、相位或偏振态四个参数之一的变化进行测量,而通常将光波随被测量的变化而变化称为对光波进行调制。相应地,光纤传感器也可分为如下四种类型:强度调制型、频率调制型、相位调制型及偏振态调制型。

3. 光纤传感器的应用

以下是一种光纤位移传感器的应用原理。该光纤传感器采用反射式光强调制测量位移,其位移测量原理示意图如图 2.95 所示。

由光纤输出的光照射到反射面上发生反射,其中一部分反射光返回光纤,测出反射光的光强,就能确定反射面位移情况。这种传感器可使用两根光纤,分别作传输发射光及接收光用;也可以用一根光纤同时承担两种功能。为增加光通量可采用光纤束,此方法测量范围不超过 9 mm。

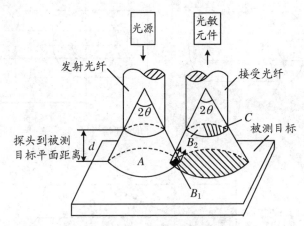

图 2.95　位移测量原理示意图

接收光通量 Φ 与位移 d 的关系为:

$$\Phi = \begin{cases} 0 & (d \leqslant d_0) \\ k(d - d_0)^{\frac{3}{2}} & (d_0 \leqslant d \leqslant d_m) \\ \dfrac{P}{d} & (d \leqslant d_m) \end{cases}$$

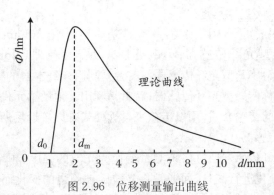

图 2.96　位移测量输出曲线

　　该光纤传感器的位移测量输出曲线如图 2.96 所示。在位移输出曲线的前坡区,输出信号的强度增加得非常快,这一区域可以用来进行微米级的位移测量。在后坡区,信号的减弱约与探头和被测表面之间的距离平方成反比,可用于距离较远而对灵敏度、线性度和精度要求不高的测量。在光峰区,信号达到最大值,其大小取决于被测物体的表面状态,所以这个区域可用于对物体的表面状态进行光学测量。

2.7　热电式传感器

热电式传感器是利用转换元件电磁参量随温度变化的特性,对温度和与温度有关的参量进行检测的装置。其中将温度变化转化为电阻变化的称为热电阻传感器;将温度变化转换为热电势变化的称为热电偶传感器。这两种热电式传感器在工业生产和科学研究工作中已得到广泛使用,并有相应的定型仪表可供选用。

2.7.1　热电偶

热电偶传感器是目前接触式测温中应用最广的热电式传感器,具有结构简单、制造方便、测温范围宽、热惯性小、准确度高、输出信号便于远传等优点。

1. 热电效应及其工作定津

两种不同材料的导体 A、B 组成一个闭合回路(如图 2.97 所示),当两接点温度 T 和 T_0 不同时,则在该回路中就会产生电动势,在回路中形成一定大小的电流,这种现象称为热电效应,该电动势称为热电势。这两种不同材料的导体或半导体的组合称为热电偶,导体 A、B 称为热电极。两个接点,

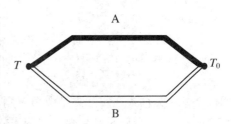

图 2.97　热电偶回路

一个称热端,又称测量端或工作端,测温时将它置于被测介质中;另一个称冷端,又称参考端或自由端,它通过导线与显示仪表相连。

当两种金属接触在一起时,由于不同导体的自由电子密度不同,在结点处就会发生电子迁移扩散。失去自由电子的金属呈正电位,得到自由电子的金属呈负电位。当扩散达到平衡时,在两种金属的接触处形成电势,称为接触电势。其大小除与两种金属的性质有关,还与结点温度有关,两接点的接触电势 $e_{AB}(T)$ 和 $e_{AB}(T_0)$ 可表示为:

$$e_{AB}(T) = \frac{KT}{e}\ln\frac{N_{AT}}{N_{BT}}$$

$$e_{AB}(T_0) = \frac{KT_0}{e}\ln\frac{N_{AT_0}}{N_{BT_0}} \tag{2.139}$$

式中,K 为波尔兹曼常数;e 为单位电荷电量;N_{AT}、N_{BT} 和 N_{AT_0}、N_{BT_0} 为温度分别为 T 和 T_0 时 A、B 两种材料的电子密度。

温差电势是同一导体的两端因其温度不同而产生的一种电动势。同一导体的两端温度不同时,高温端的电子能量要比低温端的电子能量大,因而从高温端跑到低温端的电子数比从低温端跑到高温端的要多,结果高温端因失去电子而带正电,低温端因获得多余的电子而带负电,因此,在导体两端便形成接触电势,其大小由下面公式给出:

$$e_A(T, T_0) = \frac{K}{e}\ln\int_{T_0}^{T}\frac{1}{N_{At}}\frac{d(N_{At})}{dt}dt$$
$$e_B(T, T_0) = \frac{K}{e}\ln\int_{T_0}^{T}\frac{1}{N_{Bt}}\frac{d(N_{Bt})}{dt}dt$$

(2.140)

式中,N_{At} 和 N_{Bt} 分别为 A 导体和 B 导体的电子密度,是温度的函数。

在图 2.97 所示的热电偶回路中产生的总热电势为:

$$E_{AB}(T, T_0) = e_{AB}(T) + e_B(T, T_0) - e_{AB}(T_0) - e_A(T, T_0)$$

(2.141)

在总热电势中,温差电势比接触电势小很多,可忽略不计,则热电偶的热电势可表示为:

$$E_{AB}(T, T_0) = e_{AB}(T) - e_{AB}(T_0)$$ (2.142)

对于已选定的热电偶,当参考端温度 T_0 恒定时,$e_{AB}(T_0)$ 为常数,则总的热动势就只与温度 T 成单值函数关系,即

$$E_{AB}(T, T_0) = e_{AB}(T) - c = f(T)$$ (2.143)

这一关系式在实际测量中很有用,即只要测出 $E_{AB}(T, T_0)$ 的大小,就能得到被测温度 T,这就是利用热电偶测温的原理。

2. 热电偶基本定律

(1) 均质导体定律

由两种均质导体组成的热电偶,其热电动势的大小只与两材料及两接点温度有关,与热电偶的大小尺寸、形状及沿电极各处的温度分布无关,即,如材料不均匀时,当导体上存在温度梯度,将会有附加电动势产生。这条定理说明,热电偶必须由两种不同性质的均质材料构成。

(2) 中间导体定律

利用热电偶进行测温,必须在回路中引入连接导线和仪表,接入导线和仪表后是否影响回路中的热电势? 中间导体定律说明,在热电偶测温回路内,接入第三种导体时,只要第三种导体的两端温度相同,则对回路的总热电势没有影响。

图 2.98 为接入第三种导体热电偶回路的两种形式。在图 2.98(a) 所示的回路中,由于温差电势可忽略不计,则回路中的总热电势等于各接点的接触电势之和,即

$$E_{ABC}(t, t_0) = e_{AB}(t) + e_{BC}(t_0) + e_{CA}(t_0)$$ (2.144)

当 $t = t_0$ 时,有:

$$e_{BC}(t_0) + e_{CA}(t_0) = -e_{AB}(t_0) \tag{2.145}$$

将式(2.145)式代入式(2.144)式中得:

$$E_{ABC}(t, t_0) = e_{AB}(t) - e_{AB}(t_0) = E_{AB}(t, t_0) \tag{2.146}$$

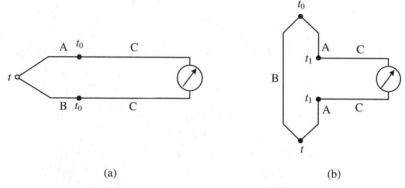

(a)   (b)

图2.98 具有三种导体的热电偶回路

(3) 中间温度定律

在热电偶测温回路中,t_c 为热电极上某一点的温度,热电偶 AB 在接点温度为 t、t_c 时的热电势 $E_{AB}(T, T_0)$ 等于热电偶 AB 在接点温度 t、t_c 和 t_c、t_0 时的热电势 $E_{AB}(T, T_c)$ 和 $E_{AB}(T_c, T_0)$ 的代数和(图2.99),即

$$E_{AB}(t, t_0) = e_{AB}(t, t_c) + e_{AB}(t_c, t_0) \tag{2.147}$$

该定律是参考端温度计算修正法的理论依据,在实际热电偶测温回路中,利用热电偶这一性质,可对参考端温度不为 0℃ 的热电势进行修正。另外根据这个定律,可以连接与热电偶热电特性相近的导体 A′ 和 B′(见图2.99),将热电偶冷端延伸到温度恒定的地方,这就为热电偶回路中应用补偿导线提供了理论依据。

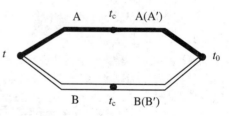

图2.99 中间温度定律

3. 热电偶材料

从理论上讲,任何两种不同材料的导体都可以组成热电偶,但为了准确可靠地测量温度,必须严格选择组成热电偶的材料。工程上用于热电偶的材料应满足以下条件:热电势变化尽量大,热电势与温度关系尽量接近线性关系,物理、化学性能稳定,易加工,复现性好,便于成批生产,有良好的互换性。

（1）标准化热电偶

指已经国家定型批生产的热电偶（已列入工业标准化文件中），具有统一的分度值。我国已采用 IEC 标准生产热电偶，并生产与标准分度表相配的显示仪表。

（2）非标准化热电偶

指特殊用途试生产的热电偶。如钨铼系、铱铑系、镍铬—金铁、镍钴—镍铝和双铂钼等热电偶。

4．热电偶的结构形式

为了适应不同生产对象的测温要求和条件，热电偶的结构形式有普通型热电偶、铠装型热电偶和薄膜热电偶等。

（1）普通型热电偶

工业上常用的普通热电偶的结构由热电极、绝缘管、保护管、接线盒等组成，如图 2.100 所示。

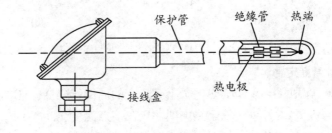

图 2.100　普通型热电偶结构

（2）铠装型热电偶

铠装热电偶又称套管热电偶，它是由热电偶丝、绝缘材料和金属套管三者经拉伸加工而成的坚实组合体，如图 2.101 所示。它可以做得很细很长，使用中根据需要能任意弯曲。铠装热电偶的主要优点是测温端热容量小，动态响应快，机械强度高，挠性好，可安装在结构复杂的装置上，因此被广泛用在许多工业部门中。

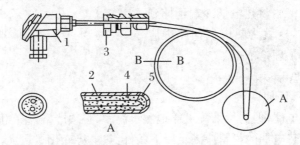

1.接线盒；2.套管；3.固定；4.绝缘材料；5.电极

图 2.101　铠装型热电偶

(3) 薄膜热电偶

薄膜热电偶的结构可分为片状、针状等,图 2.102 为片状薄膜热电偶的结构示意图。薄膜热电偶的主要特点是:热电容小、动态响应快,适宜测量微小面积上的表面温度和瞬时变化的温度。

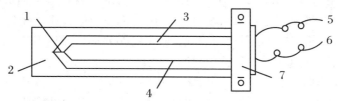

1.测量端; 2.绝缘基板; 3、4.热电极; 5、6、7.接头夹具

图 2.102 薄膜热电偶

2.7.2 热电阻

热电阻传感器是利用导体或半导体的电阻值随温度变化而变化的原理进行测温的。热电阻传感器分为金属热电阻和半导体热电阻两大类,一般把金属热电阻称为热电阻,而把半导体热电阻称为热敏电阻。

1. 常用热电阻

用于制造热电阻的材料应具有尽可能大和稳定的电阻温度系数和电阻率,R-t 关系最好成线性,物理化学性能稳定,复现性好等。目前最常用的热电阻有铂热电阻和铜热电阻。

(1) 铂热电阻

铂热电阻的特点是精度高、稳定性好、性能可靠,所以在温度传感器中得到了广泛应用。按 IEC 标准,铂热电阻的使用温度范围为 $-200\sim+850℃$。铂热电阻阻值与温度变化之间的关系可以近似用下式表示:

在 $-200\sim0℃$ 的温度范围内:

$$R_t = R_0[1 + At + Bt^2 + Ct^3(t - 100)] \qquad (2.148)$$

在 $0\sim850℃$ 的温度范围内:

$$R_t = R_0(1 + At + Bt^2) \qquad (2.149)$$

式中,R_t 和 R_0 为铂热电阻分别在 $t℃$ 和 $0℃$ 时的电阻值;A、B 和 C 为常数。在 ITS—90 中,这些常数规定为:$A = 3.9083 \times 10^{-13}/℃$;$B = -5.775 \times 10^{-7}/℃^2$; $C = -4.183 \times 10^{-12}/℃^4$。

从式(2.149)可以看出,热电阻在温度 t 时的电阻值与 $0℃$ 时的电阻值 R_0 有关。目前我国规定工业铂热电阻有 $R_0 = 10\Omega$ 和 $R_0 = 100\Omega$ 两种,它们的分度号分

别为 P_{t10} 和 P_{t100},其中以 P_{t100} 最为常用。

铂热电阻中的铂丝纯度用电阻比 $W(100)$ 表示,即

$$W(100) = \frac{R_{100}}{R_0} \tag{2.150}$$

式中,R_{100} 为铂热电阻在 100℃ 时的电阻值;R_0 为铂热电阻在 0℃ 时的电阻值。

电阻比 $W(100)$ 越大,其纯度越高。按 IEC 标准,工业使用的铂热电阻的 $W(100) \geqslant 1.3850$。目前技术水平可达到 $W(100) = 1.3930$,其对应铂的纯度为 99.9995%。

(2) 铜热电阻

由于铂是贵重金属,因此在一些测量精度要求不高且温度较低的场合,可采用铜热电阻进行测温,它的测量范围为 $-50 \sim +150$℃。

铜热电阻在测量范围内其电阻值与温度的关系几乎是线性的,可近似地表示为:

$$R_t = R_0(1 + at) \tag{2.151}$$

式中,a 为铜热电阻的电阻温度系数,取 $a = 4.28 \times 10^{-3}/℃$。

铜热电阻有两种分度号,分别为 $C_{u50}(R_0 = 50)$ 和 $C_{u50}(R_{100} = 100\ \Omega)$。

由于铜电阻的电阻率仅为铂电阻的 1/6 左右,当温度高于 100℃ 时易被氧化,因此适用于温度较低和在没有侵蚀性的介质中工作。

2. 热电阻的结构

热电阻的结构如图 2.103 所示。电阻体由电阻丝和电阻支架组成,电阻丝采用双线无感绕法绕制在具有一定形状的云母、石英或陶瓷塑料支架上,支架起支撑和绝缘作用,引出线通常采用直径 1 mm 的银丝或镀银铜丝,它与接线盒柱相接,以便与外接线路相连而测量及显示温度。

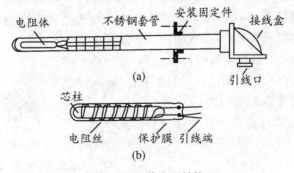

图 2.103　热电阻结构

用热电阻传感器进行测温时,测量电路经常采用电桥电路。热电阻与检测仪表相隔一段距离,因此热电阻的引线对测量结果有较大的影响。热电阻内部引线

方式有二线制、三线制和四线制三种,如图 2.104 所示。二线制中引线电阻对测量影响大,用于测温精度不高的场合。三线制可以减小热电阻与测量仪表之间连接导线的电阻因环境温度变化所引起的测量误差。四线制可以完全消除引线电阻对测量的影响,用于高精度温度检测。

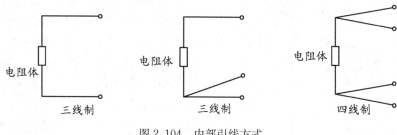

图 2.104　内部引线方式

2.7.3　热敏电阻

1. 热敏电阻的特点

热敏电阻是用半导体材料制成的热敏器件。按物理特性,可分为三类:① 负温度系数热敏电阻(NTC);② 正温度系数热敏电阻(PTC);③ 临界温度系数热敏电阻(CTR)。

由于负温度系数热敏电阻应用较为普遍,这里仅介绍这种热敏电阻。

负温度系数热敏电阻是一种氧化物的复合烧结体,通常用它测量 $-100\sim$ $+300℃$ 范围内的温度。

与热电阻相比,其优点如下:

① 电阻温度系数大,灵敏度高,约为热电阻的 10 倍;

② 结构简单,体积小,可以测量点温度;

③ 电阻率高,热惯性小,适宜动态测量;

④ 易于维护和进行远距离控制;

⑤ 制造简单,使用寿命长。

其不足之处为元件稳定性、互换性差,非线性较严重。

2. 负温度系数热敏电阻的特性

图 2.105 为负温度系数热敏电阻的电阻—温度特性曲线,可以用如下经验公式描述:

$$R_T = A e^{\frac{B}{T}} \tag{2.152}$$

式中,R_T 为温度为 T 时的电阻值;A 为与热敏电阻的材料和几何尺寸有关的常数;B 为热敏电阻常数。

若已知 T_1 和 T_2 时的电阻为 R_{T_1} 和 R_{T_2},则可通过公式求取 A、B 值,即

$$A = R_T \mathrm{e}^{-\frac{B}{T}} \tag{2.153}$$

$$B = \frac{T_1 \cdot T_2}{T_2 - T_1} \ln \frac{R_{T1}}{R_{T2}} \tag{2.154}$$

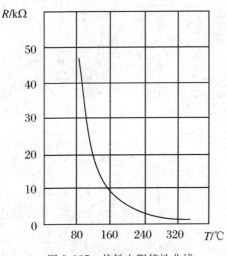

图 2.105　热敏电阻特性曲线

热敏电阻的伏安特性曲线如图 2.106 所示。由图可见,当流过热敏电阻的电流较小时,曲线呈直线状,服从欧姆定律;当电流增加时,热敏电阻自身温度明显增加,由于负温度系数的关系,阻值下降,于是电压上升速度减慢,出现了非线性;当电流继续增加时,热敏电阻自身温度上升更快,阻值大幅度下降,其减小速度超过电流增加速度,于是出现电压随电流增加而降低的现象。

热敏电阻特性的严重非线性,是扩大测温范围和提高精度必须解决的关键问题。解决办法是利用温度系数很小的金属电阻与热敏电阻串联或并联,使热敏电阻阻值在一定范围内呈线性关系。图 2.107 介绍了一种金属电阻与热敏电阻串联以实现非线性校正的方法。只要金属电阻 R_x 选得合适,在一定温度范围内可得到近似双曲线特性[图 2.107(b)],即温度与电阻的倒数呈线性关系,从而使温度与电流呈线性关系[图 2.107(c)]。近年来已出现利用微机实现较宽温度范围内线性化校正的方案。

3. 近代热敏电阻的特性

① 近年来研制的玻璃封装热敏电阻具有较好的耐热性、可靠性、频响性。它适用于作高性能温度传感器的热敏器件。当测量温度由 125℃ 上升到 300℃ 时,响应时间由 30 s 减少到 6 s,工作稳定性由 ±5% 改善为 ±(1~3)%。

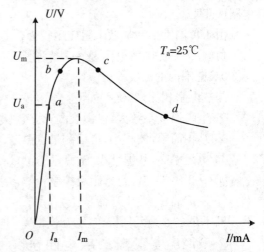

图 2.106　热敏电阻的伏安特性

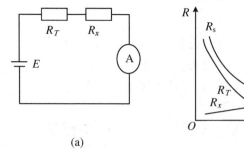
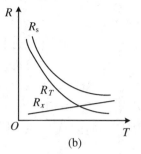
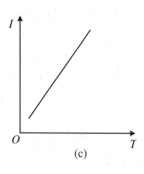

(a) (b) (c)

图 2.107 热敏电阻非线性校正

② 氧化物热敏电阻的灵敏度都比较高,但只能在低于 300℃ 时工作。近期用硼卤化物与氢还原研制成的硼热敏电阻,在 700℃ 高温时仍能满足灵敏度、互换性、稳定性的要求。可用于测量液体流速、压力、成分等。

③ 负温度系数热敏电阻的特性曲线非线性严重。近期研制的 $CdO-Sb_2O_3-WO_3$ 和 $CdO-SnO_2-WO_3$ 两种热敏电阻,在 $-100\sim+300℃$ 温度范围内,特性曲线呈线性关系,解决了负温度系数热敏电阻存在的非线性问题。

④ 近年来发现新型有机半导体材料四氢醌二甲烷,它具有电阻率随温度迅速变化的特性。当温度自低温上升至 T_H 时,因电阻率迅速下降,使电阻值相应减小,直至温度等于或高于 T_H 时,电阻值变为 R_0。当温度自高温下降至 T_H 附近直至 T_H 时,电阻率变化较小,电阻值变化不大。当温度继续下降至 T_L 时,由于电阻率迅速增加,电阻值达到 R_P 值。利用上述特性可制成定时器,通过保持材料的温度在 T_H 与 T_L 之间,即可使定时时间限制在 R_0 至 R_P 的持续时间里。

这种有机热敏材料不仅可以制成厚膜,还可以制成薄膜或压成杆形。用它制成的电子定时元件,具有定时时间宽(从数秒到数十小时)、体积小、造价低等优点。

习　题

1. 电阻丝应变片和半导体应变片在工作原理上有何区别? 各有哪些优缺点?
2. 交直流电桥的平衡条件是什么? 简述直流电桥和交流电桥的异同点。
3. 根据电容式传感器的工作原理,可将其分为几种类型? 各有什么特点? 各适用于什么场合?
4. 何谓电涡流效应? 怎样利用电涡流效应进行位移测量?
5. 试比较自感式传感器与差动变压器式传感器的异同。

6. 简述变磁通式和恒磁通式磁电传感器的工作原理。其误差及补偿方法有哪些?

7. 何谓压电效应? 画出压电元件的两种等效电路。

8. 为什么压电传感器通常用来测量动态或瞬态参量?

9. 简述光敏二极管和光敏三极管的工作原理。为什么光敏管要反向偏压?

10. 简述光纤传感器的结构及工作原理。

11. 试比较热电阻、热敏电阻和热电偶三种测温传感器的特点及对测量电路的要求。

第 3 章　数字式传感器

3.1　概　　述

随着微型计算机技术的迅速发展和广泛应用,对信号的检测、控制和处理,必然进入数字化阶段。原来的信号检测技术是利用模拟式传感器和 A/D 转换器,将信号转换成数字信号,再由计算机和其他数字设备进行处理。这种方法虽然很简单,但由于 A/D 转换器的转换精度受到参考电压精度的限制所以不可能很高,因此系统的总精度也受到限制。如果有一种传感器能直接输出数字量,那么上述的精度问题就可望得到解决。这种传感器就是数字式传感器。

显然,数字式传感器就是一种能把被测模拟量(位移、温度、压力、应力等)直接转换成数字量或准数字量的输出装置。它具有以下特点:

① 测量精度和分辨率更高;

② 抗干扰能力更强;

③ 稳定性更好;

④ 易与计算机和其他数字设备相连;

⑤ 便于信号处理和实现自动化测量。

正是由于数字式传感器具有上述优点,近年来正在受到越来越多的关注。这一技术开始只用于宇航和军事技术(早期光栅式水听器)上,目前已扩展到民用科技各部门,成为传感器技术发展的一个热点,引起了巨大的实际应用兴趣。

数字式传感器可分为直接数字式传感器和准数字式传感器两大类。直接数字式传感器是指是指其输出为 0-1 形式的信号,它包括各种编码器(直接编码器、光栅、磁栅、感应同步器、CCD 或类似的光敏器件以及触发器式的传感器)。准数字式传感器是指以频率形式输出的谐振式传感器,其输出信号可以为频率脉冲个数、位相或脉冲宽度,它包括机械式的振弦、振杆、振膜、振筒、振壳等振动装置以及电学的各种 LCR 组合形成的振荡器。

本章主要介绍光栅数字式传感器、磁栅数字式传感器、感应同步器和光电码盘式传感器的基本结构、工作原理和在实际工程中的应用。

3.2　光栅式传感器

3.2.1　光栅

在玻璃(或金属)的类似于刻线标尺(或刻度盘)的尺(或盘)上,进行长刻线(一般为 10～12 mm)的密集刻画,得到如图 3.1 所示的黑白相间、间隔细小的条纹,没有刻画的地方透光,刻画的发黑处不透光,这种具有周期性的刻画分布的光学器件称为光栅。

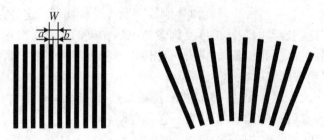

图 3.1　栅条纹放大图

光栅式传感器具有如下特点:

① 精度高。光栅式传感器在测量大量程长度或直线位移方面仅仅次于激光干涉传感器。在圆分度和角位移连续测量方面也有很高的精度。

② 量程大兼有高分辨率。感应同步器和磁栅式传感器也具有量程大的特点,但分辨率和精度都不如光栅式传感器。

③ 可实现动态测量,易于实验测量及数据处理的自动化。

④ 具有较强的抗干扰能力,对环境条件的要求不像激光干涉传感器那样严格,但不如感应同步器和磁栅式传感器的适应性强,油污和灰尘会影响它的可靠性。

光栅式传感器在几何量测量领域中有着广泛的应用,常用于与长度(或直线位移)和角度(或角位移)测量有关的精密仪器中。此外,光栅式传感器在振动、速度、应力、应变等机械量的测量中也有很多应用。

光栅种类很多,按基体材料不同主要可分为金属光栅和玻璃光栅;按刻线形式不同可分为振幅光栅和相位光栅;按光线走向不同又可分为透射光栅和反射光栅;按其用途不同可分为长光栅和圆光栅。下面按用途对光栅进行介绍。

(1) 长光栅

长光栅用于长度或直线位移的测量,它的刻线相互平行,长光栅有时也称光栅尺。长光栅栅线的疏密常用每毫米长度内的栅线数来表示(也称栅线密度),例如,光栅线间距 $W = 0.02\ mm$ 时,栅线密度为 50 线/mm。

长光栅有振幅光栅和相位光栅两种形式。振幅光栅是对入射光波的振幅进行调制,也叫黑白光栅,它又可分为透射光栅和反射光栅两种。在玻璃表面上制作透明或不透明间隔相等的线纹,可制成透射光栅;在金属的镜面上或玻璃的镀膜(如铝膜)制成全反射或漫反射相间,二者间还有吸收的线纹,可制成反射光栅。相位光栅是指对入射光波的相位进行调制的光栅,也称为闪耀光栅,它也有透射光栅和反射光栅两种,透射光栅是在玻璃上直接刻画具有一定断面形状的线条。反射式相位光栅通常是在金属材料上用机械的方法压出一道道线槽,这些线槽就是相位光栅的刻线。振幅光栅与相位光栅相比,突出的特点是容易复制,成本低廉,这也是大部分光栅传感器都采用振幅光栅的一个主要原因。

(2) 圆光栅

刻画在玻璃圆盘上的光栅称为圆光栅,也称光栅盘,用来测量角度或角位移。圆光栅的参数多使用整圆上的刻线数或栅距角(也称节距角)来表示,它是指圆光栅上相邻两条栅线之间的夹角。

根据栅线刻画的方向,圆光栅可分两种,一种是径向光栅,其栅线的延长线全部通过光栅盘的圆心;另一种是切向光栅,其全部光栅与一个和光栅盘同心的直径只有零点几到几个毫米的小圆相切。切向光栅适用于精度要求较高的场合。

3.2.2　光栅传感器的工作原理

光栅传感器一般由光栅、光路、光电元件和转换电路等组成。下面以透射光栅为例说明光栅传感器的工作原理。

1. 光栅传感器的组成

如图 3.2 所示,主光栅比指示光栅长的多,主光栅与指示光栅之间的距离为 d,d 可根据光栅的栅距来选择,对于每毫米 25～100 线的黑白光栅,指示光栅应置于主光栅的"费涅耳第一焦面上",即

$$d = \frac{W^2}{\lambda} \tag{3.1}$$

式中,W 为光栅栅距;λ 为有效光的波长;d 为两光栅的距离。

主光栅和指示光栅在平行光的照射下,形成莫尔条纹。主光栅是光栅测量装置中的主要部件,整个测量装置的精度主要由主光栅的精度来决定。光源和聚光镜组成照明系统,光源放在聚光镜的焦平面上,光线经聚光镜成平行光投向光栅。

光源主要有白炽灯的普通光源和砷化镓为主的固态光源。白炽灯的普通光源有较大的输出功率,较高的工作范围,而且价格便宜。但存在着辐射热量大、体积大和难以小型化等缺点,故而应用越来越少。砷化镓发光二极管有很高的转换效率,而且功耗低、散热少、体积小,近年来应用较为普遍。光电元件主要有光电池和光敏晶体管。它把由光栅形成的莫尔条纹的明暗强弱变化转换为电信号输出。光电元件最好选用敏感波长与光源相接近的,以获得较大的输出,一般情况下,光敏元件的输出都不是很大,需要同放大器、整形器一起将信号变为要求的输出波形。

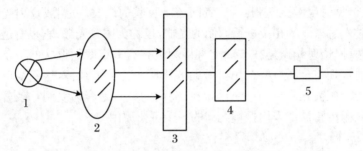

1.光源;　2.聚光镜;　3.主光栅;　4.指示光栅;　5.光电元件

图 3.2　黑白透射光栅光路

2. 莫尔条纹

光栅传感器的基本工作原理是利用光栅的莫尔条纹现象来进行测量。莫尔条纹是指当指示光栅与主光栅的线纹相交一个微小的夹角时,由于挡光效应或光的衍射,在与光栅线纹大致垂直的方向上,即两刻线交角的二等分线处,会产生明暗相间的条纹,如图3.3所示。在刻线重合处,光从缝隙透过形成亮带,两块光栅的纹线彼此错开处,由于挡光作用而形成黑带。这时亮带、黑带之间就形成了明暗相间的条纹,此即为莫尔条纹。莫尔条纹的方向与刻线的方向相垂直,故又称横向条纹。

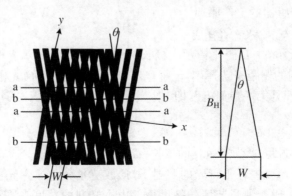

图 3.3　光栅和横向莫尔条纹

莫尔条纹具有以下特征：

(1) 运动对应关系

莫尔条纹的移动量和移动方向与主光栅相对于指示光栅的位移量和位移方向有着严格的对应关系。莫尔条纹通过光栅固定点(光电元件)的数量刚好与光栅所移动的刻线数量相等。光栅作反向移动时,莫尔条纹移动方向亦相反,从固定点观察到的莫尔条纹光强的变化近似于正弦波变化。光栅移动一个栅距,光强变化一个周期,如图 3.4 所示。

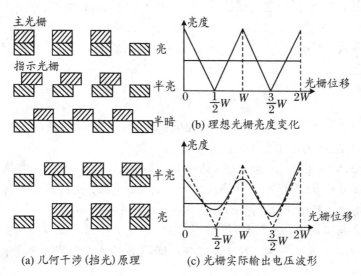

(a) 几何干涉(挡光)原理　　(c) 光栅实际输出电压波形

图 3.4　光栅输出原理图

(2) 减小误差

莫尔条纹是由光栅的大量栅线(常为数百条)共同形成的。对光栅的刻线误差有平均作用,从而能在很大程度上消除栅距的局部误差和短周期误差的影响。个别栅线的栅距或断线及瑕疵对莫尔条纹的影响很微小。若单根栅线位置的标准差为 σ,莫尔条纹由 n 条栅线形成,则条纹位置的标准差为 $\sigma_x = \sigma/n^{1/2}$。这说明莫尔条纹位置的可靠性大为提高,从而提高了光栅传感器的测量精度。

(3) 位移放大

莫尔条纹的间距随着光栅线纹交角而改变,其关系如下：

$$B = \frac{W}{2\sin\dfrac{\theta}{2}} \approx \frac{W}{\theta} \tag{3.2}$$

式中, B 为相邻两根莫尔条纹之间的间距; W 为光栅栅距; θ 为两光栅线纹夹角。

从式(3.2)可知, θ 越小,条纹间距 B 将变得越大,莫尔条纹有放大作用,其放大倍数为：

$$k = \frac{B}{W} \approx \frac{1}{\theta} \tag{3.3}$$

例如：$W = 0.02\ \text{mm}$，$\theta = 0.1°$，则 $B = 11.4592\ \text{mm}$，其 k 值约为 573，用其他方法很难得到这样大的放大倍数。所以尽管栅距很小，难以观察到，但莫尔条纹却清晰可见。这非常有利于布置接收莫尔条纹信号的光电元件。从式(3.3)可以看出，调整夹角 θ，可以改变莫尔条纹的宽度，得到所需要的 B 值。

3. 光栅的信号输出

通过前面分析可知，主光栅移动一个栅距 W，莫尔条纹就变化一个周期 2π，通过光电转换元件，可将莫尔条纹的变化变成近似的正弦波形的电信号。电压小的相应于暗条纹，电压大的相应于明条纹，它的波形可看成是一个直流分量上叠加一个交流分量。

$$U = U_0 + U_m \sin\left(\frac{x}{W} \times 360°\right) \tag{3.4}$$

式中，W 为栅距；x 为主光栅与指示光栅间瞬时位移；U_0 为直流电压分量；U_m 为交流电压分量；U 为输出电压。

由式(3.4)可见，输出电压反映了瞬时位移的大小，当 x 从 0 变化到 W 时，相当于电角度变化了 360°，如采用 50 线/mm 的光栅，则主光栅移动了 $x(\text{mm})$，即 $50x$ 条。将此条数用计数器记录，就可知道移动的相对距离。

由于光栅传感器只能产生一个正弦信号，因此不能判断 x 移动的方向。为了能够辨别方向，还要在间隔 1/4 个莫尔条纹间距 B 的地方设置两个光电元件。辨向环节的方框图如图 3.5 所示。

正向运动时，光敏元件 2 比光敏元件 1 先感光，此时与门 Y_1 有输出，将加减控制触发器置"1"，使可逆计数器的加减控制线为高电位。同时 Y_1 的输出脉冲又经或门送到可逆计数器的计数输入端，计数器进行加法计算。反向运动时，光敏元件 1 比光敏元件 2 先感光，计数器进行减法计算，这样就可以区别旋转方向。

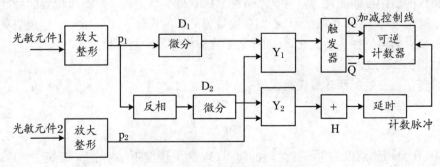

图 3.5　辨向环节的逻辑电路框图

3.3 磁栅式传感器

磁栅式传感器由磁栅、磁头和测量电路组成。它是通过在非金属材料制成的尺形表面上镀上一层磁性材料薄膜,用录音磁头沿长度方向按一定波长记录一个周期性信号,以剩磁的形式将信号保留在磁尺上而制成的。装有磁栅传感器的仪器或装置工作时,磁头相对于磁栅有一定的相对位置,在这个过程中,磁头把磁栅上的磁信号读出来,这样就把被测位置或位移转换成电信号。

3.3.1 磁栅的结构和类型

1. 磁栅的结构

磁栅的结构如图3.6所示,磁栅基体1是用非磁导材料做成,上面镀有一层均匀的磁性薄膜2,经过录磁,其磁信号排列成 SN,NS,$\cdots$,NN 等状态,要求录磁信号幅度均匀,幅度变化应小于 10%,节距均匀。目前长磁栅常用的磁信号节距有 0.05 mm 和 0.02 mm 两种,圆磁栅的角节距一般为几角分至几十角分。

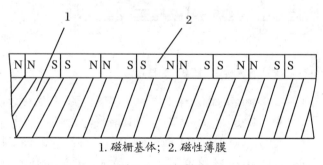

1. 磁栅基体; 2. 磁性薄膜

图3.6 磁栅结构

磁栅基体1要有良好的加工性能和电镀性能,其线膨胀系数应与被测件相近,基体也常用钢制作,用镀铜的方法解决隔磁问题,铜层厚度为 0.15~0.20 mm。长磁栅基体工作面平直度误差为 0.005~0.01 mm/m,圆磁栅工作面不圆度为 0.005~0.01 mm。粗糙度 R_a 在 0.16 μm 以下。

磁性薄膜2的剩余磁感应强度 B_r 要大、矫顽力 H_c 要高、性能稳定、电镀均匀。目前常用的磁性薄膜材料为镍钴磷合金,其 $B_r = 0.7 \sim 0.8$ T,$H_c = 6.37 \times 10^4$ A·m^{-1}。薄膜厚度在 0.10~0.20 mm。

2. 磁栅的类型

磁栅式传感器又称磁尺,根据用途又可分为长磁栅式和圆磁栅式两种,分别用来测量线位移和角位移。

长磁栅又可分为尺型、同轴型和带型三种。一般常用尺型磁栅,其外形如图 3.7(a)所示。它是在一根非磁导材料(例如铜或玻璃)制成的尺基上镀一层 Ni-Co-P 或 Ni-Co 磁性薄膜,然后录制而成的。磁头一般用簧片机构固定在磁头架上,工作中磁头架沿磁尺的基准面运动,磁头不与磁尺接触。尺型磁栅主要用于精度要求较高的场合。

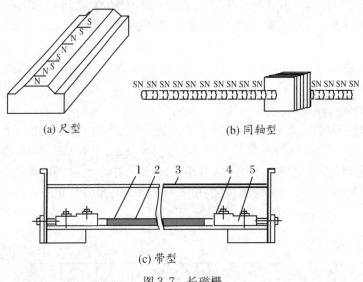

(a) 尺型　　　　　　　(b) 同轴型

(c) 带型

图 3.7　长磁栅

同轴型磁栅是在 $\varnothing 2$ mm 的青铜棒上电镀一层磁性薄膜,然后录制而成。磁头套在磁棒上工作,如图 3.7(b)所示,两者之间具有微小的间隙。由于磁棒的工作区被磁头围住,对周围的磁场起了很好的屏蔽作用,增强了它的抗干扰能力。这种磁栅传感器特别小巧,可用于可用空间较小的场合或小型测量装置中。

当量程较大或安装面不好安排时,可采用带型磁栅,如图 3.7(c)所示。带状磁栅是在一条宽约 20 mm、厚约 0.2 mm 的铜带上镀一层磁性薄膜,然后录制而成的。在图 3.7(c)中,2 为软垫,3 为防尘与屏蔽罩,4 为上压板,5 为拉紧块。带状磁尺的录磁与工作均在张紧状态下进行。磁头在接触状态下读取信号,能在振动环境下正常工作。为了防止磁尺磨损,可在磁尺表面涂上一层几微米厚的保护层,调节张紧预变形量可在一定程度上补偿带状尺的累积误差与温度误差。

圆磁栅传感器如图 3.8 所示。磁盘 1 的圆柱面上的磁信号由磁头 3 读取,磁头与磁盘之间应有微小的间隙以避免磨损。罩 2 起屏蔽作用。

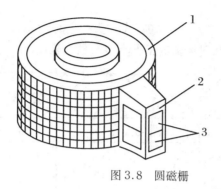

1. 磁盘;
2. 罩;
3. 磁头

图 3.8　圆磁栅

3.3.2　磁头

磁栅上的磁信号由读取磁头读出,按读取信号方式的不同,磁头可分为动态磁头与静态磁头两种。

1. 动态磁头

动态磁头为非调制式磁头,又称速度响应式磁头,它只有一组线圈,其铁心由每片厚度为 0.2 mm 的铁镍合金(含 Ni 80%)片叠成需要的厚度(如 3 mm 的窄型、18 mm 的宽型),前端放入 0.01 mm 厚度的铜片,后端磨光靠紧。线径 $d = 0.05$ mm,匝数 $N = (2 \times 1000) \sim (2 \times 1200)$ 匝,电感量约为 $L = 4.5$ mH。

当磁头与磁栅之间以一定的速度相对移动时,由于电磁感应将在磁头线圈中产生感应电动势。当磁头与磁栅之间的相对运动速度不同时,输出感应电动势的大小也不同,静止时,就没有信号输出。因此它不适合用于长度测量。

用此类磁头读取信号的示意图如图 3.9 所示。读出信号为正弦信号,在 N 处为负的最强,S 处为正的最强。图 3.9 中所示 W 为磁信号节距。

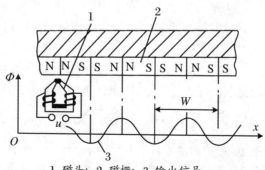

1. 磁头; 2. 磁栅; 3. 输出信号

图 3.9　动态磁头读出信号

2. 静态磁头

静态磁头是调制式磁头，又称磁通响应式磁头。它与动态磁头的根本不同之处是在磁头与磁栅之间没有相对运动的情况下也有信号输出。

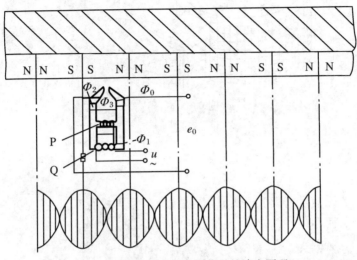

图 3.10　静态磁头对磁栅信号的读出原理

(1) 读出原理

图 3.10 所示为静态磁头对磁栅信号的读出原理。磁栅漏磁通 Φ_0 的一部分 Φ_2 通过磁头铁心，另一部分 Φ_3 通过气隙，则

$$\Phi_2 = \frac{\Phi_0 R_\sigma}{R_\sigma + R_T}$$

式中，R_σ 为气隙磁阻；R_T 为铁心磁阻。

一般情况下，可以认为 R_σ 不变，R_T 则与励磁线圈所产生的励磁磁通 Φ_1 有关。铁心 P、Q 两段的截面很小，在励磁电压 u 变化的一个周期内，铁心被励磁电流所产生的磁通 Φ_1 饱和两次，R_T 变化两个周期。由于铁心饱和时其 R_T 很大，Φ_2 不能通过，因此在 u 变化的一个周期内，Φ_2 也变化两个周期，可近似认为：

$$\Phi_2 = \Phi_0(a_0 + a_2\sin 2\omega t) \tag{3.5}$$

式中，a_0、a_2 为与磁头结构参数有关的常数；ω 为励磁电源的角频率。

在磁栅不动的情况下，Φ_0 为一常量，输出绕组中产生的感应电动势 e_0 为：

$$e_0 = N_2\frac{\mathrm{d}\Phi_2}{\mathrm{d}t} = 2N_2\Phi_0 a_2\omega\cos 2\omega t = k\Phi_0\cos 2\omega t \tag{3.6}$$

式中，N_2 为输出绕组匝数；k 为常数，$k = 2N_2 a_2\omega$。

漏磁通 Φ_0 是磁栅位置的周期函数。当磁栅与磁头相对移动一个节距 W 时，Φ_0 就变化一个周期。因此 Φ_0 可近似为：

$$\Phi_0 = \Phi_m \sin\left(\frac{2\pi x}{W}\right)$$

于是可得：

$$e_0 = k\Phi_m \sin\left(\frac{2\pi x}{W}\right)\cos 2\omega t \qquad\qquad (3.7)$$

式中，x 为磁栅及磁头之间的相对位移；Φ_m 漏磁通的峰值。

由此可见，静态磁头的磁栅是利用它的漏磁通变化来产生感应电动势的。静态磁头输出信号的频率为励磁电源频率的两倍，其幅值则与磁栅及磁头之间成正弦（或余弦）关系。

（2）静态磁头结构举例

图 3.11 所示为多隙磁通响应式磁头的一个典型静态磁头结构。其励磁绕组 $N_1 = (4\times15)\sim(4\times20)$ 匝，输出绕组 $N_2 = 100\sim200$ 匝，线径 $d_1 = d_2 = 0.1$ mm，铁心材料是铁镍合金。

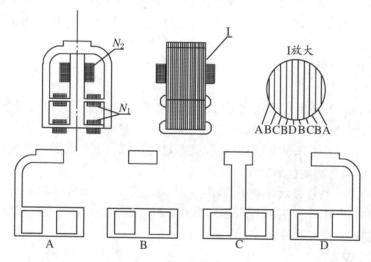

图 3.11　静态磁头结构

如图 3.11 所示，磁头铁心有 A、B、C、D 四种形状不同的铁镍合金片按 ABCB DBCBA……顺序叠合，每片厚度为 $W/4$。这样 AC 构成第一个分磁头，B 中的铜片起气隙作用，CD 构成第二个分磁头，DC 构成第三个分磁头，CA 构成第四个分磁头等等。A、B、C、D 做成不同形状，为的是让它们只有在通过励磁线圈的铁心段才能形成磁路。只有这样，才能使它们的铁心磁阻 R_T 受到励磁电流的调制。

由于 A 与 C、C 与 D 各相距 $W/2$，对于磁栅磁场的基波成分，若 A 片对准 N 极，那么 C 片对准 S 极，D 片对准下一个 N 极，进入铁心的漏磁通在 C 片的中部是互相加强的。输出线圈套在 C 片中部上，输出感应电动势得到加强。对于磁场的偶次谐波成分,A、C、D 等都对准同名极,铁心中没有磁通通过。这样就消除了偶次谐波的影响。

上述磁头结构能把基波成分叠加起来,因此气隙数 n 越大,输出信号也越大,这是多隙式磁头的特点。但 n 也不能太大,否则不仅会使体积加大,且叠片厚度的加工误差也将加大。因此常取 $n = 30\sim50$,同时还应限制叠片厚度的总误差不得超过 $\pm W/10$。

励磁绕组的安匝数 $N_1 I_1$ 应足以使图 3.10 中所示的 P、Q 处的磁路饱和。但 $N_1 I_1$ 太大,磁路饱和时间过长,会使 Φ_2 大部分时间处于被切断状态,也会使输出变小。考虑到励磁线圈绕制比较困难,每个线圈安排为 $10\sim20$ 匝,励磁电流数十毫安,由实验确定。在绕制励磁线圈时注意励磁桥路的平衡。在平衡的条件下,励磁绕组所产生的磁场不通过输出绕组所在的铁心。否则,即使没有磁栅,输出绕组也会有信号输出。发生这种情况时要改变励磁线圈某一臂参数,以达到平衡。

增加输出绕组的匝数 N_2 有利于增大输出信号。但 N_2 越大,外界电磁干扰引起的噪声电压也越大,一般取 N_2 为几百匝,使输出信号达到几十毫伏即可。

3.3.3　信号处理方式

动态磁头利用磁栅与磁头之间以一定的速度相对移动而读出磁栅上的信号,将此信号进行处理后使用。例如某些动态丝杠检查仪就是利用动态磁头读取磁尺上的磁信号作为长度基准,并以此同圆光栅盘(或磁盘)上读取的圆基准信号进行相位比较,用以检测丝杠的精度的。

静态磁头一般总是成对使用的,即用两个间距为 $(n\pm1/4)W$ 的磁头,其中 n 为正整数,W 为磁信号节距,也就是两个磁头布置成在空间相差 $90°$。其信号处理方式分为鉴幅与鉴相两种。

1. 鉴幅方式

两个磁头的输出为:

$$e_1 = U_{\mathrm{m}}\sin\left(\frac{2\pi x}{W}\right)\cos 2\omega t$$

$$e_2 = U_{\mathrm{m}}\cos\left(\frac{2\pi x}{W}\right)\cos 2\omega t$$

$$\text{(3.8)}$$

式中,U_{m} 为磁头读出信号的幅值;x 为磁头与磁栅之间的相对位移;ω 为励磁电压的角频率。

经包络检波去掉高频载波后可得:

$$e_1' = U_{\mathrm{m}}\sin\left(\frac{2\pi x}{W}\right)$$

$$e_2' = U_m\cos\left(\frac{2\pi x}{W}\right) \qquad\qquad (3.9)$$

此两路相位差为 90°的信号送至有关电路进行细分辨向后输出。

2. 鉴相方式

把某一磁头的励磁电流移相 45°(或把其读出信号移相 90°),则两磁头的输出分别为:

$$e_1 = U_m\sin\left(\frac{2\pi x}{W}\right)\cos 2\omega t$$

$$e_2' = U_m\cos\left(\frac{2\pi x}{W}\right)\cos 2(\omega t - 45°) \qquad\qquad (3.10)$$

将两路信号相减后得到的输出电压为:

$$u_0 = U_m\sin\left(\frac{2\pi x}{W} - 2\omega t\right) \qquad\qquad (3.11)$$

由式(3.11)可见,输出信号是一个幅值不变、相位随磁头与磁栅相对位置而变化的信号,可用鉴相电路测量出来。

3.3.4　特点与误差分析

磁栅传感器的优缺点及使用范围与感应同步器相似,其精度略低于感应同步器。除此之外,它还具有下列特点:

(1) 录制方便,成本低廉

当发现所录磁栅不合适时可抹去重录。

(2) 使用方便

可在仪器或机床上安装后再录制磁栅,因而可避免安装误差。

(3) 可方便地录制任意节距的磁栅

例如检查蜗杆时希望基准量中含有因子,可在节距中考虑。

磁栅传感器的误差包括零位误差与细分误差两项,其中影响零位误差的主要因素有:

① 磁栅的节距误差;

② 磁栅的安装与变形误差;

③ 磁栅剩磁变化所引起的零位漂移;

④ 外界电磁场干扰等。

影响细分误差的主要因素有:

① 由于磁膜不均匀或录磁过程不完善造成磁栅上信号幅度不相等;

② 两个磁头间距偏离 1/4 节距较远;

③ 两个磁头参数不对称引起的误差；

④ 磁场高次谐波分量和感应电动势高次谐波分量的影响。

上述两项误差应限制在允许范围内,若发现超差,应找出原因并加以解决。要注意对磁栅传感器的屏蔽。磁栅外面应有防尘罩,防止铁屑进入,不要在仪器未接地时插拔磁头引线插头,以防止磁头磁化。

3.4　感应同步器

感应同步器是利用两个平面绕组的互感随两平面绕组的相对位置变化,对线位移和角位移进行测量的传感器,广泛应用在大、中型机床上。它具有对环境要求低、受油污或灰尘影响小、工作可靠、抗干扰能力强、精度高、维护方便、寿命长、制造工艺简单等优点。感应同步器与数显表配合,能测出 0.01 mm 甚至 0.001 mm 的直线位移或 0.5″ 的角位移,其缺点是不够轻便。

3.4.1　感应同步器的类型及结构

测线位移的感应同步器称作长感应同步器,由定尺和滑尺组成,如图 3.12 所示。测角位移的感应同步器称作圆感应同步器,由定子和转子组成,如图 3.13 所示。

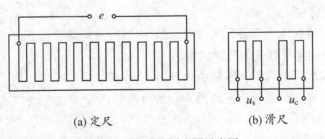

(a) 定尺　　　　　　　(b) 滑尺

图 3.12　长感应同步器示意图

这两类感应同步器是采用同样的工艺方法制造的。一般情况下,首先用绝缘粘贴剂把铜箔粘牢在金属(或玻璃)基板上,然后按设计要求腐蚀成不同曲折形状的平面绕组。定尺和转尺,转子和定子上的绕组分布是不相同的。在定尺和转子上的是连续绕组,在转尺和定子上则是分段绕组。分段绕组分为两段,布置成在空间相位相差 90° 角,即称正弦与余弦绕组。感应同步器的分段绕组和连续绕组相当于变压器的一次和二次线圈,利用交变电磁场和互感原理工作。一次绕组通以交流激励电压,电磁耦合使二次绕组产生感应电动势。平面绕组面对面平行放置,其间气隙一般应保持在 0.25 ± 0.05 mm 范围内,气隙的变化要影响电磁耦合变化。

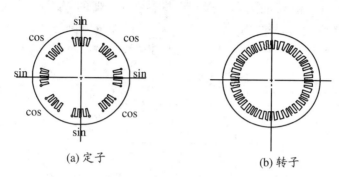

(a) 定子　　　　　　　　　(b) 转子

图 3.13　圆感应同步器示意图

3.4.2　感应同步器的工作原理

感应同步器工作时,定尺和滑尺相互平行、相对安放,它们之间保持一定的间隙(0.25 ± 0.05 mm)。一般情况下,定尺固定、滑尺可动。当定尺通以励磁电流时,在滑尺的正、余弦绕组上将感应出相位差为 $\pi/2$ 的感应电压;反之,当滑尺的正、余弦绕组分别加上相同频率(通常为 10 kHz)的正、余弦电压励磁时,定尺绕组中也会有相同频率的感应电动势产生,其幅值是定、滑尺相对位置的函数。

下面分别以单匝正弦(余弦)绕组励磁为例,来说明定尺的感应电动势与绕组间相对位置变化的函数关系,如图 3.14 所示。

首先研究正弦绕组单独励磁的情况。设在初始状态时,滑尺在图 3.14(a)所示位置,定尺绕组的感应电动势为零。当滑尺向右移动到 $W/4$ 距离时,滑尺在图 3.14(b)所示的位置,定尺绕组感应电动势幅值达到最大值。当滑尺继续向右移动到 $W/2$ 时,滑尺在图 3.14(c)所示位置,定尺感应电动势幅值为负的最大值。当滑尺再向右移动到 W 时,滑尺在图 3.14(e)所示的位置,定尺感应电动势又恢复为零。这样,定尺的感应电动势幅值随滑尺相对移动而呈周期性的变化,如图 3.14(f)中的曲线 1(正弦信号)所示。同理,当余弦绕组单独励磁时,在如图 3.14(a)所示初始状态时,定尺的感应电动势幅度最大,在图 3.14(b)、图 3.14(c)、图 3.14(d)、图 3.14(e)所示状态时,定尺感应电动势的幅值分别为零、负的最大值、零、正的最大值,其变化如曲线 2(余弦曲线)所示,曲线 2 的相位始终超前曲线 1 的相位 $W/2$。当滑尺的正、余弦绕组同时励磁时,定尺上产生的总的感应电动势是正、余弦绕组分别励磁时产生的感应电动势之和。

　　若滑尺反向运动,由余弦绕组单独励磁,在定尺上产生的感应电动势的波形不变;而由正弦绕组单独励磁,在定尺上产生的感应电动势的波形却反相180°,波形如图3.14(f)所示。从而为辨向电路提供了辨向依据。

　　由于工艺和结构上的限制,一般较难将感应同步器的节距 W 做的更小(标准的节距 $W=2\,\mathrm{mm}$)。显然,以 W 作为位移的一个测量单位是没有实用价值的,所以还必须经信号处理电路进行辨向和细分,才可以分辨出较高精度的位移量。

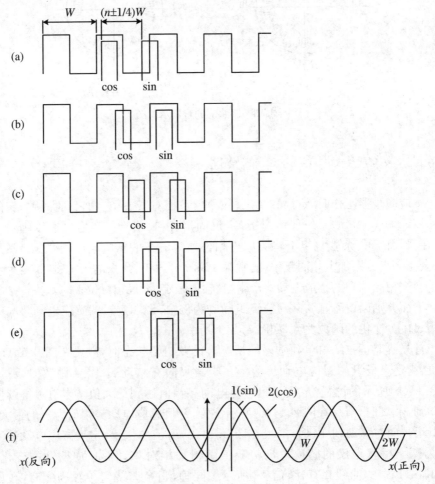

图3.14　定尺感应电动势与两相绕组

3.4.3　输出信号的处理

以图 3.12 所示长感应同步器采用滑尺励磁为例,从定尺上输出的感应电动势,可以通过鉴别输出感应电动势的相位和幅值确定相对位移量。

1. 鉴别相位方式

在滑尺的分段绕组上加以频率相同、相位差 90° 的交流励磁电压,正弦绕组励磁电压为 $u_s = U_m \sin \omega t$,余弦绕组励磁电压为 $u_c = U_m \cos \omega t$。

两个励磁绕组分别在定尺绕组上感应出电动势,其值分别为:

$$e_s = K_u U_m \sin \left(\frac{2\pi x}{W}\right) \cos \omega t$$

$$e_c = K_u U_m \cos \left(\frac{2\pi x}{W}\right) \sin \omega t$$

按叠加原理在定尺(连续绕组)上总感应电动势为:

$$e = e_s + e_c = K_u U_m \sin (\omega t + \theta_x) \tag{3.12}$$

式(3.12)中,θ_x 为感应电动势的相位角,$\theta_x = \frac{2\pi x}{W}$;$K_u$ 为电磁耦合系数。

相位角 θ_x 是相对位移量函数;相对位移量为一个节距 W 重复变化一次,变化周期为 2π。同励磁电压 $U_m \sin \omega t$ 的相位比较,鉴别感应电动势的相位可测出定尺和滑尺间相对位移量 x。

2. 鉴别幅值方式

若加到滑尺分段绕组上的交流励磁电压为 $u_s = U_s \sin \omega t$ 和 $u_c = - U_c \sin \omega t$,则分别在定尺绕组上感应出的电动势为:

$$e_s = K_u U_s \sin \left(\frac{2\pi x}{W}\right) \cos \omega t$$

$$e_c = - K_u U_c \cos \left(\frac{2\pi x}{W}\right) \cos \omega t$$

定尺(连续绕组)上总感应电动势为:

$$e = e_s + e_c = K_u \cos \omega t (U_s \sin \theta_x - U_c \cos \theta_x)$$

采用函数变压器使滑尺的分段绕组交流励磁电压幅值为:

$$U_s = U_m \cos \theta_d$$

$$U_c = U_m \sin \theta_d$$

θ_d 为励磁电压的相位角,$\theta_x = \frac{2\pi x}{W}$,则总感应电动势为:

$$e = K_u U_m \cos \omega t \cdot \sin (\theta_x - \theta_d)$$

设在起始状态下,$\theta_x = \theta_d$,则 $e = 0$。然后滑尺相对定尺有一位移 Δx,使感应电动势的相位角,即定尺与滑尺间相对位移角 θ_x 有一增量 $\Delta\theta_x$,则总感应电动势增量为:

$$e = e_s + \Delta e$$
$$= K_u U_m \cos \omega t \cdot \sin (\Delta\theta_x)$$
$$= K_u U_m \left(\frac{2\pi}{W}\Delta x\right)\cos \omega t \qquad (3.13)$$

在 Δx 较小的情况下($\sin \Delta\theta_x \approx \Delta\theta_x$),感应电动势增量的幅值 Δe 与 Δx 成正比,通过鉴别 Δe 可测出相对位移 Δx 大小。

实际应用时,利用了施密特触发器。当位移 Δx 达到一定值,如 $\Delta x = 0.01$ mm,就使 Δe 幅值超过电平门槛值,触发一次,输出一个脉冲信号(计数)。同时用此脉冲自动改变励磁电压幅值 U_s 和 U_c,使新的 θ_d 跟上新的 θ_x,形成 $\theta_x = \theta_d$ 新的起始点。这样,把位移量转换为脉冲数,即可以用数字显示,又便于微机控制。这种方法是正弦波励磁—函数变压器数模转换方式。

应用中对感应同步器的基本要求是:正弦和余弦绕组在空间相位差 90° 应准确;尽可能消除感应耦合中的高次谐波;尽可能减小因平面绕组横向段产生的(环流)电动势;尽量减小安装误差等。一次绕组的励磁电压频率一般在(1~20) kHz 范围内选择;频率低,绕组感抗小,有利于提高精度;频率高些,输出感应电动势增加,允许测量速度大些。

由于长感应同步器具有较高精度和分辨率,抗干扰能力强,使用寿命长等特点,故广泛应用于大位移的静态或动态精密测量,而圆形感应同步器广泛应用于转台和回转伺服控制系统中。

3.5　码盘式传感器

码盘又称角数字编码器,码盘式传感器是建立在编码器的基础上,它是测量轴角位置和位移的方法之一。只要编码器保证一定的制作精度,并配置合适的读出部件,这种传感器可以达到较高的精度。另外,它的结构简单、可靠性高。因此,在空间技术、数控机械系统等方面获得了广泛的应用。

编码器从原理上看,类型很多,如磁电式、电容式、光电式等,本节只讨论光电式,通常将光电式称之为光电编码器。

编码器包括码盘和码尺,码盘用于测量角度,码尺用于测量长度。由于测量长度的实际应用较少,测量角度应用较广,故这里只讨论码盘。

3.5.1　光电码盘式传感器的工作原理

光电码盘式传感器是用光电方法把被测角位移转换成以数字代码形式表示的电信号的转换部件。

光电码盘式传感器的工作原理示意图如图 3.15 所示。由光源 1 发出的光线，经柱面镜 2 变成一束平行光或汇聚光，照射到码盘 3 上，码盘由光学玻璃制成，其上刻有许多同心码道，每位码道上都有按一定规律排列着的若干透光和不透光部分，即亮区和暗区。通过亮区的光线经狭缝 4 后，形成一束很窄的光束照射在光电元件 5 上，光电元件的排列与码道一一对应。当有光照射时，对应于亮区和暗区的光电元件输出的信号相反，例如前者为"1"，后者"0"。光电元件的各种信号组合，反映出按一定规律编码的数字量，代表了码盘轴的转角大小。由此可见，码盘在传感器中是将轴的转角转换成代码输出的主要元件。

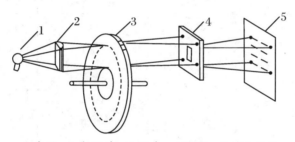

1. 光源；2. 柱面镜；3. 码盘；4. 狭缝；5. 光电元件

图 3.15　光电码盘式传感器的工作原理示意图

3.5.2　光电码盘的码制

码盘按其所用码制可分为二进制码、循环码、十进制码、六十进制码等。

1. 二进制码盘

图 3.16 所示的是一个 4 位二进制码盘，涂黑部分为不透光部分即暗区，输出为"0"，空白部分为透光部分，即亮区，输出为"1"。共有 4 圈码道，最内圈称为 C_4 码道，一半透光，一半不透光，最外圈为 C_1 码道，一共分成 $2^4 = 16$ 个黑白间隔。每个角度方位对应于不同的编码，如表 3.1 所示。例如，0 位对应于位置 a，编码"0000"（全黑），第 10 个方位对应于位置 k，编码"1010"（白黑白黑），测量时，当码盘处于不同角度时，光电转换器的输出就对应不同的数码，只要根据码盘的起始和终止位置就可以确定转角，与转动的中间过程无关。

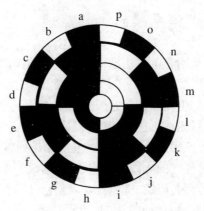

图 3.16　4 位二进制码盘

表 3.1　转角与编码对应表

角　度	对应位置	输出数码	对应十进制
0	a	0000	0
α	b	0001	1
2α	c	0010	2
3α	d	0011	3
4α	e	0100	4
5α	f	0101	5
6α	g	0110	6
7α	h	0111	7
8α	i	1000	8
9α	j	1001	9
10α	k	1010	10
11α	l	1011	11
12α	m	1100	12
13α	n	1101	13
14α	o	1110	14
15α	p	1111	15

二进制码盘具有以下特点：

① n 位（n 个码道）的二进制码盘具有 2^n 种不同编码，称其容量为 2^n，则能分

辨的角度为：

$$\alpha = \frac{360^\circ}{2^n} \qquad (3.14)$$

位数 n 越大，能分辨的角度越小，测量精度就越高。例如 $n = 20$ 时，其分辨率可达 $1''$ 左右。

② 二进制码为有权码，编码 $[C_n][C_{n-1}]\cdots[C_1]$ 对应于零位算起的转角为：

$$\theta = \sum_{i=1}^{n} [C_i] 2^{i-1} \alpha \qquad (3.15)$$

例如，编码 1010 对应于零位算起的转角为 $\theta = 2\alpha + 8\alpha = 10\alpha$，而 $\alpha = \frac{360^\circ}{2^4} = 22.5^\circ$，即 $\theta = 10 \times 22.5^\circ = 225^\circ$。

二进制码盘很简单，但在实际应用中需要注意的问题是信号检测元件不同步或者码道制作中的不精确引起的错码。例如，当读数狭缝处于 h 位置时，正确读数为"0111"，为十进制数"7"。若码道 C_4 黑区做的太短，就会误读为"1111"，为十进制数"15"。反之，若 C_4 黑区做太长，当狭缝处于 i 位置时，就会将"1000"读为"0000"，即十进制数的"0"，在这两种情况下都将产生粗误差（非单值性误差）。

为了消除非单值性误差，可以采用两种方法：一种方法是采用双读数头法，由于此法的读数头的个数需增加一倍，码道很多时光电元件安放位置也有困难，故很少采用；另一种方法是用循环码代替二进制码。因为二进制码从一个码变为另一个码时存在着几位数需要同时改变状态，一旦这个同步要求不能得到满足，就会产生错误。循环码的特点是相邻的两个数码间只有一位是变化的。因此即使制作和安装不准，产生的误差最多也只是最低的一位数。

2. 循环码盘

图 3.17 所示的是一个 4 位的循环码盘，表 3.2 所示的是十进制数、二进制数及 4 位循环码的对照表。

图 3.17　4 位循环码盘

二进制码是有权代码,每一位码代表一固定的十进制数,而循环码是变权代码,每一位码不代表固定的十进制数,因此需要把它转换成二进制码。

用 R 表示循环码数字,用 C 表示二进制码数字,二进制码数字转换成循环码数字的法则是:将二进制码与其本身右移一位后并舍去末位的数码作不进位加法所得结果就是循环码。

表 3.2 十进制数、二进制码和循环码对照表

十进制数	二进制码(C)	循环码(R)	十进制数	二进制码(C)	循环码(R)
0	0000	0000	8	1000	1100
1	0001	0001	9	1001	1101
2	0010	0011	10	1010	1111
3	0011	0010	11	1011	1110
4	0100	0110	12	1100	1010
5	0101	0111	13	1101	1011
6	0110	0101	14	1110	1001
7	0111	0100	15	1111	1000

例如,二进码"0111"所对应的循环码为"0100",转换过程如下:

0 1 1 1	二进制码
0 1 1	右移 1 位并舍去末位数码
⊕ —————	作不进位加法
0 1 1 1	循环码

其中,⊕表示不进位加法,二进制码变循环码的一般形式为:

C_1 C_2 C_3 $\cdots$ C_n	二进制码
C_1 C_2 $\cdots$ C_{n-1}	右移 1 位并舍去末位数码
⊕ —————————	作不进位加法
R_1 R_2 R_3 $\cdots$ R_n	循环码

由此得:

$$\begin{cases} R_1 = C_1 \\ R_i = C_i \oplus C_{i-1} \end{cases}$$

图 3.18 所示为二进制码转换为并行循环码的转换电路,图 3.19 所示为二进制码转换为串行循环码的转换电路。

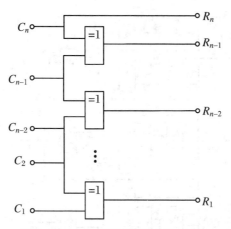

图 3.18　二进制码转换为并行循环码

采用串行电路时，工作之前先将 D 触发器 C_1 置零，$Q=0$。在 C_i 端送入 C_n，门 D_2 输出 $R_n = C_n \oplus 0 = C_n$；随后加 CP 脉冲，使 $Q = C_n$；在 C_i 端加入 C_{n-1}，D_2 输出 $R_{n-1} = C_{n-1} \oplus C_n$，以后重复上述过程，可依次获得 $R_n, R_{n-1}, \cdots, R_2, R_1$（图 3.19）。

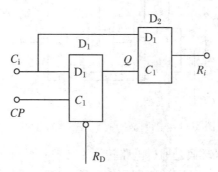

图 3.19　二进制码转换为串行循环码

由此可以导出循环码变成二进制码的关系式：

$$\begin{cases} C_1 = R_1 \\ C_i = R_i \oplus C_{i-1} \end{cases} \tag{3.16}$$

式(3.16)表示，由循环码 R 变成二进制码 C 时，第一位（最高位）不变。以后从高位开始依次求出其余各位，即本位循环码 R_i 与已经求得的相邻高位二进制码 C_{i-1} 作不进位相加，结果就是本位二进制码。

因为两相同数码作不进位相加，其结果为 0，故式(3.16)还可写成：

$$\begin{cases} C_1 = R_1 \\ C_i = R_i \bar{C}_{i-1} + \bar{R}_i C_{i-1} \end{cases} \tag{3.17}$$

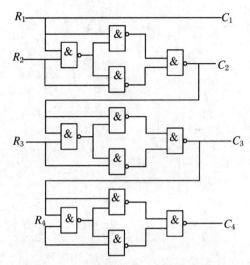

图 3.20　并行循环码—二进制码转换电路

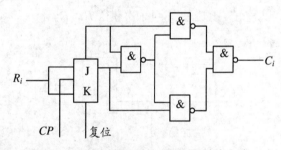

图 3.21　串行循环码—二进制码转换电路

循环码盘输出的循环码是通过电路转换为二进制码的,图 3.20 所示的是用与非门构成的 4 位并行循环码—二进制码转换器。它的优点是转换速度快,缺点是所用元件较多。图 3.21 所示是串行循环码—二进制码转换电路转换器,它由 4 个与非门组成的不进位加法器和一个 JK 触发器组成。它的优点是结构简单,但转换速度较慢,只能用于速度要求不高的场合。

3.5.3　光电码盘的应用

光电码盘测角仪是一种利用光电码盘进行角度准确测量的常用仪器,其结构如图 3.22 所示。当光源通过大孔径非球面聚光镜形成狭长的光束照射到码盘上,由码盘转角位置决定位于狭缝后面的光电器件与输出的信号;输出信号经放大,鉴幅(检测"0"或"1"电平)、整形,必要时加纠错和寄存电路,再经当量变换,最后译码显示。

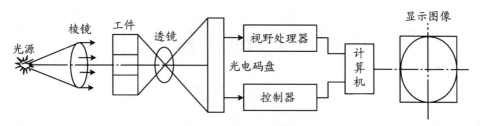

图 3.22　光电码盘测角仪示意图

　　光电码盘的优点是没有触点磨损,因而允许高转速、高频率响应、稳定可靠、坚固耐用、精度高;其缺点是结构较复杂、价格较贵等。光电码盘目前已在数控机床、伺服电机、机器人、回转机械、传动机械、仪器仪表及办公设备、自动控制技术和检测传感技术等领域得到广泛的应用,且应用领域在不断扩大。

习　　题

1. 什么是数字传感器? 它具有哪些特点?
2. 简述光栅式传感器的基本工作原理及类型。
3. 莫尔条纹是如何形成的? 它有哪些特性?
4. 简述磁栅的结构及类型。
5. 磁通响应式磁栅传感器为何能消除磁场偶次谐波的影响?
6. 磁栅式传感器的信号处理方式有哪些?
7. 简述感应同步器的结构及工作原理。
8. 为什么采用循环码盘可以消除二进制码盘的粗误差?

第4章 现代传感器

4.1 生物传感器

4.1.1 概述

生物最基本特征之一就是能够对外界的各种刺激作出反应。因此,生物能感受外界的各类刺激信号的特性,并将这些刺激信号转换成体内信息处理系统所能接收并处理的信号。如人能通过眼、耳、鼻、舌、身等感觉器官,将外界的光、声温度及其他各种化学和物理信号转换成人体内神经系统等信息处理系统能够接收和处理的信号。现代和未来的信息社会中,信息处理系统要对自然和社会的各种变化作出反应,首先需要通过传感器将外界的各种信息接收下来并转换成信息系统中的信息处理单元(即计算机)能够接收和处理的信号。

生物传感器(Biosensor)的出现,是科学技术的发展及社会发展需求多方面驱动的结果。20世纪60年代中期起首先利用酶的催化作用和它的催化专一性开发了酶传感器,并达到实用阶段。20世纪70年代又研制出微生物传感器、免疫传感器等。20世纪70年代以来,生物医学工程迅猛发展,用于检测生物体内化学成分的各种生物传感器不断出现。

作为当前传感技术的一大支柱,生物传感器技术是一门由生物、化学、物理、医学、电子技术等多种学科互相渗透成长起来的高新技术。因其具有选择性好、灵敏度高、分析速度快、成本低、在复杂的体系中进行在线连续监测,特别是其高度自动化、微型化与集成化的特点,使得在近几十年获得蓬勃而迅速的发展。在国民经济的各个部门如食品、制药、化工、临床检验、生物医学、环境监测等方面有广泛的应用前景。特别是分子生物学与微电子学、光电子学、微细加工技术及纳米技术等新学科、新技术结合,正改变着传统医学、环境科学、动植物学的面貌。生物传感器的研究开发,已成为世界科技发展的新热点,形成21世纪新兴的高技术产业的重要组成部分,具有重要的战略意义。

4.1.2　生物传感器原理、特点及类型

生物传感器是用生物活性材料(酶、蛋白质、DNA、抗体、抗原、生物膜)与物理化学换能器(如氧电极、光敏管、场效应管、压电晶体等)及信号放大装置有机结合的一种生物物质敏感器件,以生物活性物质作为主要功能性元件(生物敏感基元),能够感受到特定的靶分子并产生特定的生物化学信号感知,按照一定规律将这种感知转换成可识别信号(相应的物理化学信号)的器件或装置。生物传感器具有接收器与转换器的功能。

1. 生物传感器工作原理

生物传感器一般由分子识别元件(敏感材料)和信号转换部分(换能器)组成,其余为辅助部分,完成系统测量或控制的功能,其工作原理如图 4.1 所示。

生物传感器工作时,被测物质经扩散作用进入分子识别元件,经分子识别,发生生物学反应,产生物理、化学现象或产生新的化学物质,使相应的换能器将其转换成可定量和可传输、可处理的电信号。而生物反应实际上是包括了生理生化、新陈代谢、遗传变异等一切形式的生命活动。生物传感器研究的作用就是如何将生物反应与传感器技术恰当地结合起来。

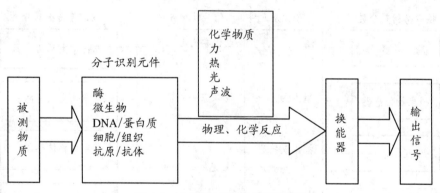

图 4.1　生物传感器的工作原理图

分子识别元件是利用生物体内具有特异性功能的物质制成的膜,它与被测物质相接触时伴有物理、化学变化的生化反应,可以进行分子识别。生物敏感膜是生物传感器的关键元件,直接决定着传感器的功能与质量。生物敏感膜有酶膜、组织膜、免疫膜、复合膜、细胞器膜等,能做成膜的生物活性物质有各种膜、细菌、真菌、动植物细胞和组织切片、线粒体、叶绿体、抗原、抗体等。将这些具有特异性功能的生物物质固定在基质或载体上,得到生物敏感膜。生物敏感膜具有专一性、选择性和亲和性,只与相应物质结合才能产生生化反应或复合物质。最后换能器将产生

的生化现象或复合物质转化为电信号,即可检测出被测物质或生物量。

2．生物传感器的特点

与传统的传感技术相比,生物传感器具有如下特点:

① 测定范围广泛。根据生物反应的特异性和多样性,理论上对所有生物物质的检测都可制出对应的传感器。

② 采用固定化生物活性物质作敏感基元(催化剂),价值昂贵的试剂可以重复使用,克服了过去酶法分析试剂费用高和化学分析繁琐复杂的缺点。

③ 专一性强,只对特定的底物起反应,而且不受颜色、浊度的影响。

④ 测定过程简单,分析速度快。由于它的体积小,操作系统比较简单,容易实现自动分析,分析结果一般在一分钟内就可以得到。

⑤ 准确性和灵敏度高,一般相对误差不超过 1%。由于生物敏感膜分子的高度特异性和灵敏性,对一些含量极低的检测对象也能检测出来。

⑥ 成本低。在连续使用时,每例测定仅需几分钱,传感器连同测定仪的成本远低于大型的分析仪器,便于推广普及。

3．生物传感器的分类

近年来,随着传感技术、半导体技术、微机械加工技术、生物工程技术和生物电子学的发展,各种类型的生物传感器相继问世。生物传感器的分类如图 4.2 所示。

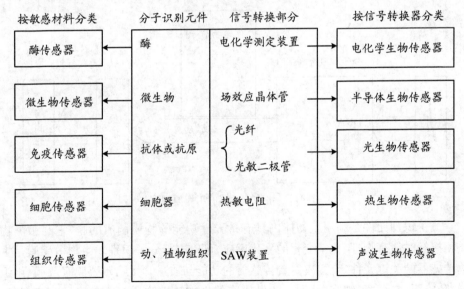

图 4.2　生物传感器的分类

生物传感器的分类和命名方法较多且不统一,主要有三种分类法:

① 根据生物传感器中生物分子识别元件的不同,生物传感器可分为酶传感

器、微生物传感器、细胞器传感器、免疫传感器、组织传感器等。

② 根据生物传感器的信号转换器分类,可分为电化学生物传感器、半导体生物传感器、热生物传感器、光生物传感器、声波生物传感器等。

③ 根据传感器输出信号的产生方式不同,可分为亲和型生物传感器、代谢型生物传感器和催化型生物传感器。

4.1.3 几种典型生物传感器

本节介绍几种具有代表性的生物传感器。

1. 酶传感器

酶传感器是问世最早、成熟度最高的一类生物传感器。它是利用酶的催化作用,在常温常压下将糖类、醇类、有机酸、氨基酸等生物分子氧化或分解,然后通过换能器将反应过程中化学物质的变化转变为电信号记录下来,进而推出相应的生物分子浓度。因此,酶传感器是间接型传感器,它不是直接测定待测物质,而是通过对反应有关物质的浓度测定来推断底物的浓度。

酶传感器的基本结构单元是由固定化酶膜和基本电极组成。其工作原理是将活性物质酶覆盖在电极表面,酶与被测物质在酶膜上发生催化反应,形成一种可以被电极响应的物质。根据信号转换器的类型不同,酶传感器可以分为酶电极传感器、酶场效应晶体管传感器(FET-酶)和酶热敏电传感器、光纤酶传感器等几类。根据酶促反应的溶剂体系不同,酶传感器可以分为有机相酶传感器和非有机相酶传感器。表 4.1 列出了常见酶传感器的主要特性。

表 4.1 常见酶传感器的主要特性

检测对象	酶	固定方法	传感元件	稳定性/d	测量范围 /(mg・L^{-1})
葡萄糖	葡萄糖氧化酶	共价法	氧电极	100	1～500
胆固醇	胆固醇酯酶	共价法	铂电极	30	10～1000
青霉素	青霉素酶	包埋法	pH 电极	7～14	10～1000
丙酮酸	丙酮酸氧化酶	吸附法	氧电极	10	10～1000
乙醇	乙醇氧化酶	交联法	氧电极	120	5～1000
尿素	尿素酶	交联法	铵离子电极	60	10～1000
尿酸	尿酸氧化酶	交联法	氧电极	120	10～1000

续表

检测对象	酶	固定方法	传感元件	稳定性/d	测量范围 /(mg·L^{-1})
L-氨基酸	L-氨基酸氧化物酶	共价法	铵离子电极	70	5～100
L-谷氨酸	谷氨酸酶	吸附法	铵离子电极	2	10～10000
L-酪氨酸	L-酪氨酸 10 羧基酶	吸附法	CO_2 气体电极	20	10～10000

葡萄糖酶传感器是一种典型的酶传感器,其敏感膜是葡萄糖氧化酶,它固定在聚乙烯酰胺凝胶上,其电化学器件为 Pt 阳电极和 Pb 阴电极,中间为强碱溶液,并在阳电极表面覆盖一层透氧气的聚四氟乙烯膜,形成封闭式氧电极(图 4.3)。它避免了电极与被测液直接相接触,防止了电极毒化。如电极 Pt 为开放式,它浸入蛋白质的介质中,蛋白质会沉淀在电极的表面,从而减小电极的有效面积,使电流下降,从而使传感器被毒化。实际应用时,葡萄糖酶传感器安放在被测葡萄糖溶液中。

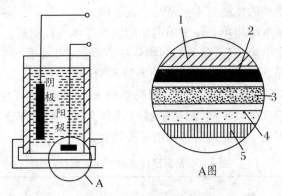

1. Pt阳电极; 2. 聚四氟乙烯膜; 3. 固相酶模; 4. 半透膜多孔层; 5. 半透膜致密层

图 4.3 葡萄糖酶传感器

2. 微生物传感器

用微生物作为分子识别元件制成的传感器称为微生物传感器,其组成有固定化微生物、换能器和信号输出装置,它利用固定化微生物代谢会消耗溶液中的溶解氧或产生一些电活性物质,并放出光和热的原理实现对待测物质的定量测定。

固定化微生物是传感器的信息识别、捕捉功能元件,是影响传感器性能的核心部件。它是将特选的微生物固定在选证的载体上,使其高度密集并保持生物活性,在适宜条件下能够快速、大量增殖的生物技术。该技术决定了传感器的稳定性、灵敏性和使用寿命等性能指标。

微生物传感器与酶传感器相比有价格便宜、性能稳定的优点,但其响应时间较长(数分钟),选择性较差。目前微生物传感器已成功地应用于发酵工业和环境检测中,例如测定河水及废水污染程度,在医学中可测量血清中微量氨基酸,有效地诊断尿毒症和糖尿病等。

微生物传感器从结构上一般可分为两种:

(1) 呼吸活性型微生物传感器

该传感器由固定化需氧性细菌膜和氧电极组合而成,通过细菌的呼吸性物质来测定被测物质。当好氧菌与试液中的有机物发生同化作用时,其细胞的呼吸功能会加强,耗氧量增大,扩散到电极表面的氧气量减少,电流减小,由此可以测出有机物的浓度。

(2) 代谢活性型微生物传感器

该传感器由固定化厌氧性细菌膜和相应的电化学传感元件组合而成,通过细菌代谢活性物质来测定被测物质。厌氧细菌同化有机物后,产生的代谢物有 CO_2、H^+、甲酸、有机酸等,可以通过 ISE(离子选择电极法)测定代谢产物浓度,进而测得有机物浓度。

微生物作为传感器的敏感材料,常用的微生物固定方法有:吸附法、共价交联法和包埋法三种。

(1) 吸附法

吸附法一般依靠微生物与载体之间的作用进行固定,包括范德华力、氢键、静电作用、共价键及离子键。它是一种简单易行、条件温和、对微生物无害的固定化方法,但用它固定的生物体不够牢靠,微生物易泄露损失,造成传感器稳定性变差。

(2) 共价交联法

该方法是利用交联剂把活细胞以共价键结合到载体上。使用的交联剂主要有戊二醛、聚乙烯酰胺、表氯醇及氰尿酰氯等。鉴于共价键的形成往往会毒害了活细胞,故该应用受到一定限制。

(3) 包埋法

在微生物的固定化方法中,以包埋法最为常用。它的原理是将微生物活细胞截留在适当的立体网格中。常用的包埋材料有海藻酸盐、琼脂、明胶、聚丙烯酰胺、聚乙烯醇等。该方法对微生物细胞活性影响较小,微生物不易流失,膜的稳定性高,但分子过大的有机物在凝胶网格内较难扩散,因而不适合测定大分子底物。

表 4.2 列出了常见微生物传感器的主要特性。

表 4.2　常见微生物传感器的主要特性

检测对象	微生物	固定方法	传感元件	稳定性/d	测量范围 /(mg·L^{-1})
葡萄糖	荧光假单细菌	包埋法	氧电极	>14	5～20

续表

检测对象	微生物	固定方法	传感元件	稳定性/d	测量范围 /(mg · L^{-1})
乙醇	芸苔丝孢酵母	共价法	氧电极	30	5～30
头孢真菌素	费式柠檬酸细菌	包埋法	pH氧电极	>7	100～500
维生素 B1	发酵乳杆菌		燃料电池	60	0.001～0.01
谷氨酸	大肠杆菌	吸附法	CO$_2$电极	20	8～800

3. 组织传感器

组织传感器是以活的动植物组织细胞切片作为分子识别元件,并与相应的变换元件构成生物组织传感器。它以动植物组织薄片作为敏感膜,传感器一般采用气敏电极,利用动植物组织中的酶作为反应催化剂,基本原理与酶传感器相似。

生物组织传感器具有以下特点:

① 生物组织含有丰富的酶类,这些酶类在适宜的环境中,可以得到相当稳定的酶活性,许多组织传感器的工作寿命比相应的酶传感器寿命长得多。

② 在所需要的酶难以提纯时,直接利用生物组织可以得到足够高的酶活性。

③ 组织识别元件制作简便,一般不需要采用固定化技术。

组织传感器制作的关键是选择所需要酶活性较高的动、植物的器官组织,表4.3列出了常见组织传感器的主要特性。

表4.3　常见组织传感器的主要特性

检测对象	组织膜	基础电极	稳定性/d	测量范围 /(mol · L^{-1})
谷氨酸	木瓜	CO$_2$	7	2×10^{-4}～1.3×10^{-2}
尿素	夹克豆	CO$_2$	94	3.4×10^{-5}～1.5×10^{-3}
多酚	蘑菇	O$_2$	60	1×10^{-5}～2.5×10^{-4}
腺苷	兔胸腺	NH$_3$	28	3.2×10^{-5}～5.6×10^{-3}
鸟嘌呤	兔肝	NH$_3$	14	1.3×10^{-5}～2.8×10^{-4}
L-精氨酸	菊花	NH$_3$	10	5×10^{-5}～1×10^{-3}

4. 细胞器传感器

细胞传感器和组织传感器类似,也是多酶系统,由固定或未固定的活细胞与电极或其他转换元件组合而成,具有高度的生化活性和敏感性,可以认为是一种衍生型酶传感器。

细胞器是由膜构成的亚细胞结构,是功能高度集中的分子集合体,是进行一系列代谢活动的场所。细胞器内一般含有多酶系统,可以用来测定由单一酶组成的传感器所不能测定的物质。酶处在细胞器中,有时很不稳定,不便提取、纯化,若采用该酶的细胞器,便可很方便的制成合适的传感器。细胞器包括线粒体、微粒体、溶酶体、高尔基复合体和过氧体等,此外,植物细胞中进行光合作用的叶绿体,原生动物中的氧化酶颗粒和细菌体内的磁粒体等也都属于细胞器。

细胞器传感器的研制,首先要解决的问题是细胞器的分离。细胞器的分离先要破坏组织细胞,然后利用差速离心法或密度梯度超速离心法分离细胞的各个部分。由细胞分离出来的细胞器是粒状的,需要利用固定化技术将其制成薄膜状。和组织传感器相比,细胞器传感器需要较复杂的制备提取和固定化过程,常用的固化方法有:吸附法、包埋法和交联法。

5. 免疫传感器

利用抗体能识别抗原并与抗原结合的功能而制成的生物传感器称为免疫传感器,免疫传感器的基本原理是免疫反应。当有病原体或者其他异种蛋白(抗原)侵入某种动物体内,体内即可产生能识别这些异物并把它们从体内排除的抗体。抗原和抗体结合即发生免疫反应,其特异性很高,即具有极高的选择性和灵敏度。免疫传感器就是利用抗原(抗体)对抗体(抗原)的识别功能而研制成的生物传感器。

酶传感器主要以低分子有机化合物作为测定对象,对高分子有机化合物识别功能能力不佳。利用抗体对抗原的识别和结合功能,可构成对蛋白质、多糖类等高分子有高选择性的免疫传感器。免疫传感器是生物传感器领域中发展较快的分支,它除具有生物传感器的普遍特点外,还因其高特异性、高选择性、测定准确度高、重复性好、反应速度快等优点,用于大量样品分析和筛选。

免疫传感器由分子识别元件和电化学电极组成,利用抗体能识别抗原并与抗原结合制成的生物传感器。通过监测固定化抗体膜与相应的抗原产生的特异反应,得到生物膜的电位变化,具有快速、灵敏度高、选择性高、操作简便等特点。

免疫传感器以免疫反应为基础,一般可分为非标记免疫传感器和标记免疫传感器。

(1) 非标记免疫传感器

非标记免疫传感器(又称直接免疫电极)不用任何标记物,由于蛋白质分子(抗原或抗体)携带大量电荷,当抗原、抗体结合时会产生若干电化学或电学变化,通过检测介电常数、电导率、膜电位、离子通透性、离子浓度等任一种参数的变化,便可测得免疫反应的发生。

(2) 标记免疫传感器

标记免疫传感器(也称间接免疫传感器)以酶、红细胞、放射性同位素、稳定的游离基、金属、脂质体及噬菌体等为标记物。其原理是:标记抗原和等当量的抗体发生反应形成复合体,再加入被测非标记抗原(即被测对象)。由于标记抗原和非标记抗原与抗体发生竞争反应以形成复合体,使原先复合体中的标记抗原量发生改变(减少和增加),从而可以测出抗原、抗体反应前的非标记抗原量。

表 4.5 和表 4.6 列出了常见免疫传感器的应用实例。

表 4.5　非标记免疫传感器应用实例

免疫传感器	受体和电极	测定法
糖传感器	刀豆球蛋白 A/PVC/PT 电极	电极电位测量
白蛋白传感器	抗白蛋白抗体/乙基纤维素复合酶	膜电位测量
血型传感器	血型物质/乙基纤维素酶	膜电位测量
hCG 传感器	抗 hCG 抗体/TiO$_2$	电极电位测量

表 4.6　标记免疫传感器应用实例

免疫传感器	受　体	测定法	测量范围
IgM 传感器	抗 IgM 膜	酶免疫法	$10^{-7} \sim 10^{-4}$
白蛋白传感器	抗白蛋白膜	酶免疫法	$10^{-6} \sim 10^{-3}$
hCG 传感器	抗 hCG 膜	竞争、酶免疫法	$10^{-2} \sim 10^{2}$
HB 传感器	抗 HB 膜	竞争、酶免疫法	$10^{-7} \sim 10^{-5}$
抗体传感器	抗原结合红细胞	补体结合	

4.2　智能传感器

4.2.1　概述

随着微处理器技术的迅猛发展及测控系统自动化、智能化的发展,要求传感器准确度高、可靠性高、稳定性好,且具备一定的数据处理能力,并能够自检、自校、自补偿。传统的传感器已不能满足这样的要求。另外,为制造高性能的传感器,光靠改进材料工艺也很困难,需要利用计算机技术与传感器技术相结合来弥补其性能的不足。计算机技术使传感器技术发生了巨大的变革,微处理器(或微计算机)和传感器相结合,产生了功能强大的智能式传感器。

　　目前,关于智能传感器的中、英文称谓尚未完全统一。英国人将智能传感器称为"Intelligent Sensor",美国人则习惯于把智能传感器称作"Smart Sensor",直译就是"灵巧的、聪明的传感器"。所谓智能传感器,就是带微处理器、兼有信息检测和信息处理功能的传感器。

　　早期的智能传感器是将传感器的输出信号经处理和转化后由接口送到微处理机部分进行运算处理。20 世纪 80 年代的智能传感器主要以微处理器为核心,把传感器信号调节电路、微电子计算机存储器及接口电路集成到一块芯片上,使传感器具有一定的人工智能。20 世纪 90 年代智能化测量技术有了进一步的提高,使传感器实现了微型化、结构一体化、阵列式、数字式,使用更加方便和操作更加简单,具有自诊断功能、记忆与信息处理功能、数据存储功能、多参量测量功能、联网通信功能、逻辑思维以及判断功能。

4.2.2　智能传感器的结构与功能

　　智能传感器是由传感器和微处理器相结合而构成的,它充分利用微处理器的计算和存储能力,对传感器的数据进行处理,并对它的内部行为进行调节。图 4.4 所示是智能传感器的原理框图,其中主要包括传感器、信号调理电路和微处理器。

　　微处理器是智能传感器的核心,它不但可以对传感器测量数据进行计算、存储、数据处理,还可以通过反馈回路对传感器进行调节。由于微处理器可以充分发挥各种软件的功能,所以能完成硬件难以完成的任务,从而有效降低制造难度,提高传感器性能,降低成本。

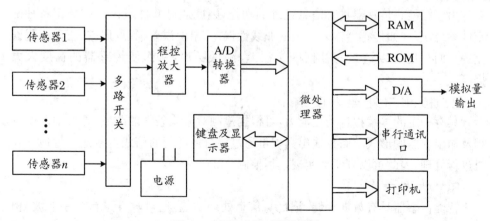

图 4.4　智能式传感器的构成

　　智能传感器的最大特点就是将传感器检测信息的功能与微处理器的信息处理

功能有机地融合在一起。从一定意义上讲,它具有类似于人工智能的作用。需要指出,这里讲的"带微处理器"通常包含两种情况:

① 将传感器与微处理器集成在一个芯片上构成所谓的"单片智能传感器"。

② 传感器能够配微处理器。

显然,后者的定义范围更宽,但二者均属于智能传感器的范畴。从构成上看,智能传感器是一个典型的以微处理器为核心的计算机检测系统。

智能传感器具有以下功能:

① 具有自校准和自诊断功能。智能传感器不仅能自动检测各种被测参数,还能进行自动调零、自动调平衡、自动校准,某些智能传感器还能自标定功能。

② 具有数据存储、逻辑判断和信息处理功能,能对被测量进行信号调理或信号处理(包括对信号进行预处理、线性化,或对温度、静压力等参数进行自动补偿等)。

③ 具有组态功能,使用灵活。在智能传感器系统中可设置多种模块化的硬件和软件,用户可通过微处理器发出指令,改变智能传感器的硬件模块和软件模块的组合状态,完成不同的测量功能。

④ 具有双向通信功能,能直接与微处理器或单片机通信。

4.2.3　智能传感器的特点

同一般传感器相比,智能式传感器有以下几个显著特点:

1. 精度高

由于智能式传感器具有信息处理的功能,因此通过软件不仅可以修正各种确定性系统误差(如传感器输入输出的非线性误差、温度误差、零点误差、正反行程误差等),而且还可以适当地补偿随机误差,降低噪声,从而使传感器的精度大大提高。

2. 检测与处理方便

具有一定的可编程自动化能力,可根据检测对象或条件的改变,方便地改变量程及输出数据的形式。而且输出数据可通过串行或并行通信线直接送入远地计算机进行处理,因此可以方便地实现远程控制。

3. 功能广

智能传感器具有数据存储、记忆与信息处理功能,通过软件进行数字滤波、相关分析等处理,可以去除输入数据中的噪声,提取有用信号;通过数据融合、神经网络技术,可以消除多参数状态下交叉灵敏度的影响,从而保证在多参数状态下对特定参数测量的分辨能力。智能传感器不仅可以实现多传感器多参数综合测量,扩大测量与使用范围,而且可以有多种形式输出,包括 RS232 串行输出,PIO 并行输出,IEEE-488 总线输出以及经 D/A 转换后的模拟量输出等。霍尼韦尔公司的 APMS-10G 智能传感器能定时测量液体的浑浊度、电导及温度,输出可为数字或模拟信号,是进行水质净化和设备清洗的优选传感器。

4．自适应能力强

智能传感器能根据系统工作情况决策各部分的供电情况和与上位计算机的数据传送速率,使系统工作在最优低功耗状态和传送效率优化的状态。例如在带有温度补偿和压力补偿的智能传感器中,当环境温度和压力发生变化时,补偿软件能够通过相应的算法进行温度和压力补偿,保证了不同测试环境下测试结果的准确性。

5．低功耗

降低功耗对智能传感器具有重要的意义。这不仅可简化系统电源及散热电路的设计,延长智能传感器的使用寿命,还为进一步提高智能传感器芯片的集成度创造了有利条件。智能传感器普遍采用大规模或超大规模 CMOS 电路,使传感器的耗电量大为降低,有的可用叠层电池甚至纽扣电池供电。暂时不进行测量时,还可用待机模式将智能传感器的功耗降至更低。

6．性价比高

在相同精度条件下,多功能智能式传感器与单一功能的普通传感器相比,其性能价格比更高,尤其是在采用比较便宜的单片机后更为明显。

除此之外,智能传感器还具有稳定性及可靠性好,可以小型化和微型化等特点。

4.3　微型传感器

4.3.1　MEMS 技术与微型传感器

微机电系统(Micro Electro-Mechanical System,MEMS)是从 20 世纪 80 年代发展起来的一种综合性的技术,它是伴随着半导体集成电路微细加工技术和超精密机械加工技术的发展而发展起来的,目前 MEMS 加工技术被广泛应用于微流控芯片与合成生物学等领域,从而进行生物化学等实验室技术流程的芯片集成化。

MEMS 是在融合多种微细加工技术,并应用现代信息技术的最新成果的基础上发展起来的高科技前沿学科,它是由微传感器、微执行器、微电子电路、微结构组成的一体化的微型器件系统,其目标是把信息的获取、处理和执行集成在一起,组成具有多功能的微型系统,集成于大尺寸系统中,从而大幅度地提高系统的自动化、智能化和可靠性水平。

MEMS 是一种必须同时考虑多种物理场混合作用的全新的研发领域,相对于传统的机械,其尺寸更小,最大的不超过一个厘米,甚至仅仅为几个微米,其厚度就更加微小。采用以硅为主的材料,电气性能优良,硅材料的强度、硬度和杨氏模量与铁相当,密度与铝相近,热传导率接近钼和钨。采用与集成电路(IC)类似的生成技术,可利用 IC 生产中的成熟技术和工艺进行大批量、低成本生产,使性价比相对于传统"机械"制造技术大幅度提高。

MEMS 技术的发展开辟了一个全新的技术领域和产业,采用 MEMS 技术制作的微传感器、微执行器、微型构件、微机械光学器件、真空微电子器件、电力电子器件等在航空、航天、汽车、生物医学、环境监控、军事以及几乎人们所接触到的所有领域中都有着十分广阔的应用前景。目前,常用的 MEMS 的技术有:

1. 微系统设计技术

微系统设计技术主要包括微结构设计数据库、有限元和边界分析、CAD/CAM 仿真和模拟技术、微系统建模等,还有微小型化的尺寸效应和微小型理论基础研究等课题,如:力的尺寸效应、微结构表面效应、微观摩擦机理、热传导、误差效应和微构件材料性能等。

2. 微细加工技术

微细加工技术主要指高深度比多层微结构的硅表面加工和体加工技术,利用 X 射线光刻、电铸的 LIGA 和利用紫外线的准 LIGA 加工技术;微结构特种精密加工技术包括微火花加工、能束加工、立体光刻成形加工;特殊材料特别是功能材料微结构的加工技术;多种加工方法的结合;微系统的集成技术;微细加工新工艺探索等。

3. 微型机械组装和封装技术

微型机械组装和封装技术主要指黏结材料的黏结、硅玻璃静电封接、硅硅键合技术和自对准组装技术,具有三维可动部件的封装技术、真空封装技术等新封装技术。

4. 微系统的表征和测试技术

微系统的表征和测试技术主要有结构材料特性测试技术,微小力学、电学等物理量的测量技术,微型器件和微型系统性能的表征和测试技术,微型系统动态特性测试技术,微型器件和微型系统可靠性的测量与评价技术。

近年来,从半导体集成电路(IC)技术发展而来的 MEMS 技术日渐成熟。微型传感器是目前最为成功并最具实用性的微型机电器件,主要包括利用微型膜片的机械形变产生电信号输出的微型压力传感器和微型加速度传感器。此外,还有微型温度传感器、磁场传感器、气体传感器等,这些微型传感器的面积大多在 1 mm^2 以下。

随着微电子加工技术,特别是纳米加工技术的进一步发展,传感器技术还将从微型传感器进化到纳米传感器。这些微型传感器体积小,可实现许多全新的功能,便于大批量和高精度生产,单件成本低,易构成大规模和多功能阵列。

以下介绍几种常见的微型传感器。

4.3.2　压阻式微型传感器

压阻式微型压力传感器出现于 20 世纪 60 年代,是目前应用最广泛的一类微型压力传感器。被广泛应用于航天、航空、航海、石油化工、动力机械、生物医学工程、气象、地质、地震测量等各个领域。

压阻式压力传感器的工作原理是基于压阻效应。它利用扩散法将压敏电阻制作到弹性膜片里,或沉积在膜片表面上。通常将电阻接成电桥电路以便获得最大输出信号及进行温度补偿等。压敏电阻与压力敏感膜片集成为一体,在压力作用下,敏感膜片发生变形,从而导致压敏电阻值的变化,通过电桥电路对电阻的变化值进行测量,间接测得压力值。与传统的压阻式传感器相比,其具有制造工艺简单、频率响应高、体积小、线性度高、精度高等优点,缺点是受温度影响较大(有时需进行温度补偿)、工艺较复杂和造价高等。

此类压力传感器的优点是制造工艺简单、线性度高、可直接输出电压信号。存在的主要问题是对温度敏感,灵敏度较低,不适合超低压差的精确测量。

4.3.3　电容式微型传感器

电容式微型压力传感器是将活动电极固连在膜片表面,膜片受压变形导致极板间距变化,使电容值变化。该传感器曾被用于紧急输血时的血压计,或有作眼内压力检测器,以检测青光眼等眼球内压反常升高的疾病等。

一般电容式压力微型传感器受温度影响很小,能耗少,灵敏度高,一般能获得 30%~50% 的电容变化,而压阻器件的电阻变化最多只有 2%~5%。另外,电容极板的静电力可以对外压力进行平衡,实现力平衡式的反馈测量。

4.4　网络传感器

4.4.1　网络传感器的概念

目前传感器技术有以下几个发展方向：① 使传感器从被动检测向主动进行信息处理和信息发布方向发展；② 从孤立单一检测向智能化、系统化、网络化发展；③ 从本地测量向远程实时在线测控发展，它们代表了当今传感器技术的发展方向。

近些年来，随着网络通信技术的飞跃发展，特别是互联网技术在全球范围内的进一步扩展，各行各业与互联网通信技术都形成了紧密的联系。CMOS 集成电路技术和 MEMS 技术的飞速发展，为功耗低、稳定性高、成本低、结构小的芯片的开发注入新的活力。通过将 CMOS 集成电路技术、MEMS 技术以及通信技术完美地融合在一起，生产出高技术含量网络接口芯片，将网络接口芯片应用于智能传感器上，从而促使了网络传感器的诞生。

网络传感器是以嵌入式微处理器为核心，集成了传感单元、信号处理单元和网络接口单元，使传感器具备自检、自校、自诊断及网络通信功能，从而实现信息的采集、处理和传输真正统一协调的新型智能传感器，主要应用于设备性能检测、远程监控和智能维护系统等应用领域。由于网络类型单一，因此网络接口部分的实现就比较简单。

网络传感器能够通过各类集成化的微型传感器协作地实时监测、感知和采集各种环境或监测对象的信息，通过嵌入式系统对信息进行处理，并通过随机自组织通信网络以多跳中继方式将所感知信息传送到用户终端，从而组成高精度、功能强大的测控网络。

网络传感器的实质是网络通信技术在智能传感器中的一种应用，把每一个传感器作为一个网络节点，通过服务器、工作站运用网络通信技术来实现计算机网络之间的数据传输，同时利用数据库来储存数据信息，实现了传感器的智能化、小型化、信息共享化。网络传感器融合了通信技术和计算机技术，使传感器具备自检、自校、自诊断及网络通信功能，从而实现信息的"采集"、"传输"和"处理"，真正成为统一协调的一种新型智能传感器。

4.4.2　网络传感器的组成

网络化智能传感器一般由信号采集单元、数据处理单元和网络接口单元组成。这三个单元可以是采用不同芯片构成合成式的，也可以是单片式结构，其结构组成如图 4.5 所示。

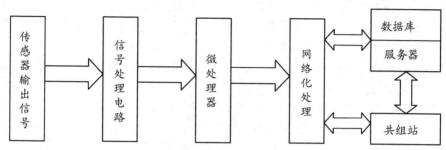

图 4.5　网络传感器结构组成

信号经过采集、调理、A/D 转换成数字量后，再送给微处理器进行数据处理，最后将测量结果传输给网络，以便实现各个传感器节点之间、传感器与执行器之间、传感器与系统之间的数据交换及资源共享，在更换传感器时无须进行标定和校准，做到"即插即用（Plug&Play）"

可以将所有的网络传感器连接在一个公共的网络上。网络的选择可以是传感器总线、现场总线，也可以是企业内部的 Ethernet，也可以直接是 Internet。为保证所有的传感器节点和控制节点能够实现即插即用，必须保证网络中所有的节点能够满足共同的协议。无论是硬件还是软件都必须满足一定的要求，只要符合协议标准的节点都能够接入系统。网络化智能传感器研究的关键技术是网络接口技术。网络化传感器必须符合某种网络协议，使现场测控数据能直接进入网络。

4.4.3　网络传感器的类型

由于目前工业现场存在多种网络标准，因此也随之发展起来了多种网络传感器，具有各自不同的网络接口单元类型。目前主要分为有线网络传感器和无线网络传感器两大类。

1. 有线网络传感器

有线网络传感器可分为基于现场总线的网络传感器和基于以太网协议的网络传感器两大类。

(1) 基于现场总线的网络传感器

现场总线(Fieldbus)是近年来迅速发展起来的一种工业数据总线,它主要用于解决工业现场的智能化仪器仪表、控制器、执行机构等现场设备间的数字通信以及这些现场控制设备和高级控制系统之间的信息传递问题。具有可靠性高、稳定性好、抗干扰能力强、通信效率快、造价低廉和维护成本低等特点。

基于现场总线的网络传感器是在基于现场总线技术的数字化智能仪表网络系统即智能监控系统,通过工控机实现对实际网络的监控。它以一台工控机为核心,由各种数字化智能传感器、智能执行机构以及网络系统组成一个完整的数字化智能网络系统。系统可实现对上级以太网的连接,网络内部可以实现 CAN 总线和 Profibus 总线的异构网络连接,使开发的系统具有良好的适应性和生命力。其工作原理如图 4.6 所示。

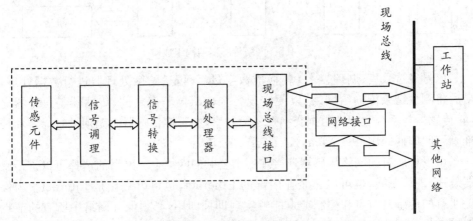

图 4.6　基于现场总线的网络传感器工作原理

(2) 基于以太网的网络传感器

基于以太网的网络传感器是在传统传感器的基础上嵌入了 TCP/IP 协议,采用以太网标准接口,其结构主要由传感器单元、信号采集及处理单元、微处理器和以太网接口单元等部分组成。该传感器具有因特网/内联网功能,相当于因特网上的一个节点。各种现场信号均可在网上实时发布和共享,任何网络授权用户均可通过浏览器进行实时浏览,并可在网络上的任意位置根据实际情况对传感器进行在线控制、编程等。

基于以太网的网络传感器的系统结构及以太网接口设计分别如图 4.7 和图 4.8 所示。

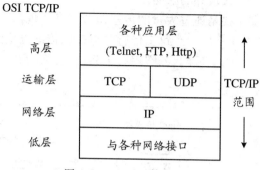

图 4.7　TCP/IP 体系结构

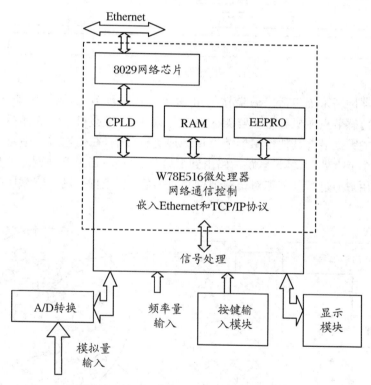

图 4.8　基于以太网的网络传感器硬件结构

2. 无线网络传感器

无线传感网络(WSN，Wireless Sensor Network)综合了传感器技术、嵌入式计算技术、现代网络及无线通信技术、分布式信息处理技术等，能够通过各类集成化的微型传感器协作实时监测、感知和采集各种环境或检测对象的信息，这些信息通过无线方式进行传送，并以自组多跳的网络方式传送到用户端，实现物理世界、计算世界以及人类社会三元世界的联通。

　　无线网络传感器主要是通过大量的传感器节点来实现探测数据的处理、存储和通信,节点结构如图 4.9 所示。每个传感节点兼顾传统网络终端和路由器的双重功能。传感器通过自组织成网络,实现整个系统无需人为干预就能达到预期的目的。

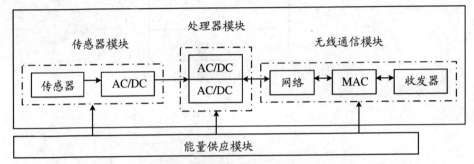

图 4.9　传感器节点体系结构

　　传感器网络系统包括传感器节点、汇聚节点和管理节点,其结构如图 4.10 所示。大量传感节点随机分布在监测区域内部或附近,能够自组织成网络。传感器节点监测的数据沿着其他传感器节点逐跳地进行传输,在传输过程中监测数据可能会被多个节点处理,经过多跳后路由到汇聚节点,最后通过互联网或卫星到达管理节点。用户通过管理节点对传感器网络进行管理和配置,发布监测任务和收监测数据。

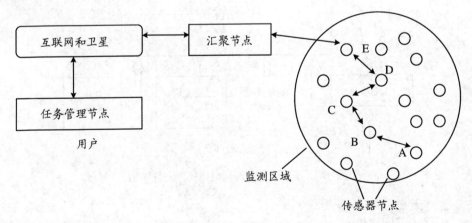

图 4.10　传感器网络体系结构

　　目前,常见的无线网络传感器有:蓝牙传感器、ZigBee 无线传感器、普通 RF射频无线通信传感器等。随着网络技术的不断发展,无线网络传感器将被广泛应用于军事、环境监测和预报、城市交通、空间搜索及仓库管理等领域。

3. 基于 IEEE 1451 标准的网络传感器

为了解决传感器与各种网络相连的问题,以 Kang Lee 为首的一些学者在 1993 年就开始构造一种通用智能化传感器的接口标准。1993 年 9 月,IEEE 的第九届技术委员会即传感器测量和仪器仪表技术协会决定制定一种智能传感器通信接口的协议。1994 年 3 月,美国国家技术标准局(NIST)和 IEEE 共同组织了一次关于制定智能传感器接口和制定智能传感器连接网络通用标准的研讨会,此后又连续举办了 4 次会议,讨论 IEEE 1451 智能传感器/执行器智能变送器接口标准。1995 年 4 月,成立了两个专门的技术委员会:IEEE 1451.1 工作组和 1EEE 1451.2 工作组。IEEE 1451.1 工作组主要负责对智能变送器的公共目标模型和相应模型的接口进行定义;IEEEI 451.2 工作组主要定义 TEDS 和数字接口标准,包括 STIM 和 NACP 之间的通信接口协议和管脚分配。1995 年 5 月给出了相应的标准草案和演示系统。经过几年的努力,IEEE 会员分别在 1997 年和 1999 年投票通过了其中的 IEEE 1451.1 和 IEEE 1451.2 两个标准,同时新成立了两个新的工作组对 IEEE 1451.2 标准进行进一步扩展,即 IEEE P1451.3 和 IEEE P1451.4。

IEEE1451 标准可以分为针对软件和硬件的接口两大部分。软件接口部分定义了一套使智能变送器顺利接入不同测控网络的软件接口规范;同时通过定义通用的功能、通信协议及电子数据表格式,以达到加强 IEEE 1451 族系列标准之间的互操作性。软件接口部分主要由 IEEE 1451.1 和 IEEE 1451.0 组成。硬件接口部分是由 IEEE 1451.x(表 4.7)组成,主要是针对智能传感器的具体应用而提出的。

表 4.7　IEEE 1451 智能变送器系列标准体系

代　号	名称与描述	状　态
IEEE 1451.0	智能变送器接口标准	建议标准
IEEE 1451.1—1999	网络应用处理器信息模型	颁布标准
IEEE 1451.2—1997	变送器与微处理器通信协议与 TEDS 格式	颁布标准(修订中)
IEEE 1451.3—2003	分布式多点系统数字通信与 TEDS 格式	颁布标准
IEEE 1451.4—2004	混合模式通信协议与 TEDS 格式	颁布标准
IEEE 1451.5	无线通信协议与 TEDS 格式	研讨中
IEEE 1451.6	CANopen 协议变送器网络接口	开发中

IEEE 1451.1 标准采用通用的 A/D 或 D/A 转换装置作为传感器的 I/O 接口,将所用传感器的模拟信号转换成标准规定格式的数据,连同一个小存储器——传感器电子数据表(TEDS)与标准规定的处理器目标模型——网络适配器

（NCAP）连接,使数据可按网络规定的协议登临网络。这是一个开放的标准,它的目标不是开发另外一种控制网络,而是在控制网络与传感器之间定义一个标准接口,使传感器的选择与控制网络的选择分开,从而使用户可根据自己的需要选择不同厂家生产的智能传感器而不受限制,实现真正意义上的即插即用。图 4.11 所示为 1451.1 接口框图。

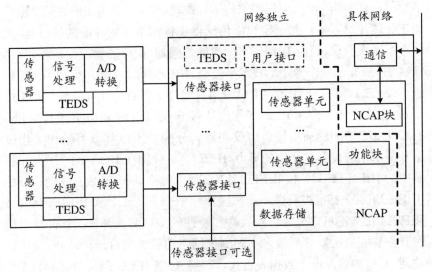

图 4.11　　IEEE 1451.1 接口框图

IEEE 1451.2 标准主要定义接口逻辑和 TEDS 格式,同时,还提供了一个连接智能变送器接口(STIM)和 NCAP 的 10 线标准接口——变送器独立接口(TTI)。TTI 主要用于定义 STIM 和 NCAP 之间点点连线及同步时钟的短距离接口,使传感器制造商能把一个传感器应用到多种网络与应用中。该标准描述了 TEDS 及其数据格式,定义了一系列的读写逻辑功能,包括读写电子数据表格、读传感器数据和设置执行器数据等。一个 STIM 由传感器\执行器(组)、信号调理与变换、逻辑接口和 TEDS 组成。符合 IEEE 1451.2 标准的网络传感器的典型体系结构如图 4.12 所示。

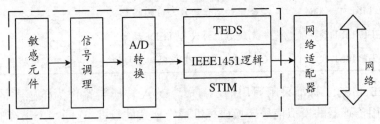

图 4.12　　基于 IEEE 1451.2 的网络传感器结构

IEEE 1451.3 标准，即分布式多点系统数字通信和变送器电子数据表格（TEDS），2003 年 10 月通过了 IEEE 认可。该标准利用扩频技术（Spread Spectrum Technique），在一根信号电缆上实现数据同步采集、通信和对连接在变送器总线上的电子设备供电。

IEEE 1451.4 标准，即混合模式通信协议与 TEDS 格式，于 2004 年 5 月通过 IEEE 认可。IEEE 1451.4 标准主要致力于通过已存在的模拟量变送器连接方法提出一个混合模式智能变送器通信协议：混合模式接口一方面支持数字接口对 TEDS 的读写，另一方面也支持模拟接口对现场仪器的测量；同时使用紧凑的 TEDS 对模拟传感器的简单、低成本的连接。

IEEE 1451 标准定义了网络化智能传感器接口标准，解决了以往各种现场网络之间的不兼容性和不可互操作性。IEEE 1451 标准对研制网络化智能传感器具有重要指导意义。

基于 IEEE 1451 的网络传感器应用广泛，不仅包括各种现场总线，也包括 Internet 等网络，被广泛地应用于水文勘测、环境监测、气象和农业信息等领域。

习　　题

1. 什么是生物传感器？它具有哪些类型和特点？
2. 简述智能传感器的主要形式和结构。它与传统传感器相比有哪些突出特点？
3. 简述微型传感器的基本工作原理及类型。
4. 试叙述一种智能传感器的应用案例。
5. 网络传感器的意义何在？网络传感器在硬件结构上和传统传感器的显著区别是什么？
6. 试论述一种网络传感器的工作原理和结构。

第 5 章　检测技术基础

5.1　概　　述

在科学实验和工业生产中,为了及时了解实验进展情况、生产过程情况以及它们的结果,人们需要经常对一些物理量,如电流、电压、温度、压力、流量、液位等参数进行测量。如加热炉的温度控制,首先应对被测对象即炉膛内炉温进行测量,将测量到的数据提供给操作人员掌握炉况并将此工况值输入调节或控制装置以便实施自动控制炉温。这就是检测系统的典型应用。

检测是利用各种物理、化学效应,选择合适的方法与装置,将生产、科研、生活等各方面的有关信息通过检验与测量的方法赋予定性或定量结果的过程,是检验与测量的总称。检测技术作为实验科学和信息技术的重要组成部分,是一门研究各种物理量的测量原理和信息提取、信息转换以及信息处理的理论与技术的应用技术学科。

检测技术属于信息科学的范畴,与计算机技术、自动控制技术和通信技术构成完整的信息技术学科。检测技术研究的主要内容包括测量原理、测量方法、测量系统和数据处理四个方面。检测技术是进行各种科学实验研究和生产过程参数测量必不可少的手段,它几乎已应用于国民经济中的所有行业,涉及半导体技术、激光技术、光纤技术、声控技术、遥感技术、自动化技术、计算机应用技术以及数理统计、控制论、信息论等现代新技术和新理论。

5.2　检测系统的静态特性

检测系统的静态特性是指测量时,检测系统的输入、输出信号不随时间变化或变化很缓慢。静态检测时,系统所表现出的响应特性称为静态响应特性。通常用来描述静态响应特性的指标有测量范围、灵敏度、非线性度、迟滞误差等。一般用标定曲线来评定检测系统的静态特性,理想的线性装置的标定曲线是直线,而实际检测系统的标定曲线并非如此。通常采用静态测量的方法求取输入输出关系曲线,作为标定曲线。多数情况还需要按最小二乘法原理求出标定曲线的拟合直线。

检测系统的静态特性主要有以下几个方面:

1. 测量范围

测量范围即检测系统能正常测量的最小输入量和最大输入量之间的范围。

2. 灵敏度

灵敏度是指测量系统在静态测量时,输出量的增量与输入量的增量之比。即

$$S = \frac{\Delta y}{\Delta x} \tag{5.1}$$

线性系统的灵敏度 S 为常数,是输入输出关系直线的斜率,斜率越大,其灵敏度就越高,如图 5.1 所示。非线性系统的灵敏度 S 是变量,是输入输出关系曲线的斜率,输入量不同,灵敏度就不同,通常用拟合直线的斜率表示系统的平均灵敏度。要注意灵敏度越高,就越容易受外界干扰的影响,系统的稳定性就越差,测量范围相应就越小。

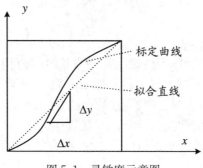

图 5.1　灵敏度示意图

3. 非线性度

如图 5.1 所示,标定曲线与拟合直线的偏离程度就是非线性度。如果在全量程 A 输出范围内,标定曲线偏离拟合直线的最大偏差为 B,则定义非线性度为:

$$\text{非线性度} = \frac{B}{A} \times 100\% \tag{5.2}$$

4. 迟滞误差

迟滞误差也称为滞后或变差,如图 5.2 所示。实际测量系统在相同的测量条件下,当输入量由小增大,或由大减小时,对于同一输入量,传感器或检测系统在正、反行程时的输出信号的数值不相等,则定义迟滞误差为:

$$迟滞误差 = \frac{\Delta H_{max}}{A} \times 100\% \qquad (5.3)$$

式中，ΔH_{max} 为（输入量相同时）正反行程输出之间的最大绝对偏差，A 为测量系统满量程值。

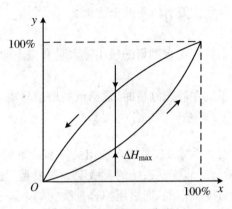

图 5.2　迟滞误差曲线

在多次重复测量时，应以正反程输出量平均值间的最大迟滞差值来计算。迟滞误差通常是由于弹性元件、磁性元件以及摩擦、间隙等原因所产生，一般需通过具体实测才能确定。

5. 稳定度和漂移

稳定度又称长期稳定性，即传感器在相当长时间内仍保持其性能的能力。稳定性一般以室温条件下经过一规定的时间间隔后，传感器的输出与起始标定时的输出之间的差异来表示，有时也用标定的有效期来表示。

漂移指检测系统随时间的慢变化。在规定条件下，对于一个恒定的输入在规定时间内的输出在标称范围最低值处的变化，称为零点漂移，简称零漂。温度变化引起的漂移叫温漂。

6. 静态响应特性的其他术语

(1) 精度

精度是精确度的简称，它表示随机误差和系统误差的综合评定指标。

(2) 可靠性

可靠性是与检测系统无故障工作时间长短有关的一种描述。

(3) 分辨率

分辨率是能引起输出变化的输入量的最小变化量，表示检测系统分辨输入量微小变化的能力，有时用该值相对满量程输入值之百分数表示。

(4) 灵敏阀

灵敏阀又称死区，它指检测系统在量程零点（或起始点）处能引起输出量发生变化的最小输入量,是用来衡量检测起始点不灵敏的程度。

5.3 检测系统的动态特性

检测系统的动态特性是指在动态测量时,输出量与随时间变化的输入量之间的关系。动态测量时,被测信号随时间迅速变化,输出要受检测系统动态特性的影响。对于测量动态信号的检测系统,要求检测系统在输入量改变时,其输出量能立即随之不失真的改变。在实际检测过程中,由于检测系统选用不当,输出量不能良好地追随输入量的快速变化会导致较大的测量误差。因此研究检测系统的动态特性有着十分重要的意义。

1. 检测系统的(动态)数学模型

研究动态特性时必须建立测量系统的动态数学模型。检测系统的动态响应特性的数学模型主要有三种描述形式:①时域分析用的微分方程;②复频域用的传递函数;③频域分析用的频率特性。

(1) 微分方程

对于线性时不变的测量系统而言,表征其动态特性的常系数线性微分方程式如下:

$$a_n \frac{d^n y}{dt^n} + a_{n-1} \frac{d^{n-1} y}{dt^{n-1}} + \cdots + a_1 \frac{dy}{dt} + a_0 y$$

$$= b_m \frac{d^m x}{dt^m} + b_{m-1} \frac{d^{m-1} x}{dt^{m-1}} + \cdots + b_1 \frac{dx}{dt} + b_0 x \tag{5.4}$$

式中,$Y(t)$ 为输出量或响应;$X(t)$ 为输入量或激励;$a_0, a_1, \cdots, a_n, b_0, b_1, \cdots, b_m$ 为与测量系统结构的物理参数有关的系数,$d^n Y(t)/dt^n$ 为输出量 Y 对时间 t 的 n 阶导数;$d^m X(t)/dt^m$ 为输入量 X 对时间 t 的 m 阶导数。

(2) 传递函数

若测量系统的初始条件为零,则把测量系统输出(响应函数)$Y(t)$ 的拉氏变换 $Y(s)$ 与测量系统输入(激励函数)$X(t)$ 的拉氏变换 $X(s)$ 之比称为测量系统的传递函数 $H(s)$:

$$H(s) = \frac{Y(s)}{X(s)} = \frac{b_m s^m + b_{m-1} s^{m-1} + \cdots + b_1 s + b_0}{a_n s^n + a_{n-1} s^{n-1} + \cdots + a_1 s + a_0} \tag{5.5}$$

式中分母中 S 的最高指数 n 即代表微分方程阶数,相应地当 $n=1, n=2$,则称为一阶系统传递函数和二阶系统传递函数。由方程(5.5)可得:

$$Y(s) = H(s)X(s) \tag{5.6}$$

知道测量系统传递函数和输入函数即可得到输出(测量结果)函数 $Y(s)$,然后利用拉氏反变换,求出 $Y(s)$ 的原函数,即瞬态输出响应为:

$$y(t) = L^{-1}[Y(s)] \tag{5.7}$$

传递函数具有以下特点:

① 传递函数是测量系统本身各环节固有特性的反映,它不受输入信号影响,但包含瞬态、稳态时间和频率响应的全部信息;

② 传递函数 $H(s)$ 是通过把实际测量系统抽象成数学模型后经过拉氏变换得到的,它只反映测量系统的响应特性;

③ 同一传递函数可能表征多个响应特性相似,但具体物理结构和形式却完全不同的设备,例如一个 RC 滤波电路与有阻尼弹簧的响应特性就类似,它们同为一阶系统。

(3) 频率(响应)特性

在初始状态为零的条件下,把测量系统的输出 $Y(t)$ 的傅里叶变换 $Y(j\omega)$ 与输入 $X(t)$ 的傅里叶变换 $X(j\omega)$ 之比称为测量系统的频率响应特性,简称频率特性。通常用 $H(j\omega)$ 来表示:

$$H(j\omega) = \frac{Y(j\omega)}{X(j\omega)} \tag{5.8}$$

或

$$H(j\omega) = \frac{b_m\,(j\omega)^m + b_{m-1}(j\omega)^{m-1} + \cdots + b_1(j\omega) + b_0}{a_n\,(j\omega)^n + a_{n-1}\,(j\omega)^{n-1} + \cdots + a_1(j\omega) + a_0}$$

很明显,频率响 $H(j\omega)$ 应是传递函数的一个特例。从物理意义上来讲,通过傅里叶变换可将满足一定初始条件的任意信号分解成一系列不同频率的正弦信号之和(叠加),从而将信号由时域变换至频率域来分析。因此频率响应函数是在频率域中反映测量系统对正弦输入信号的稳态响应,也被称为正弦传递函数。

5.4　无失真检测条件

检测的目的是为了获得被测对象的原始信息,这就要求在检测过程中采取相应的技术手段,使检测系统的输出信号能够真实、准确地反映出被测对象的信息,这种检测称之为无失真检测。

1. 时域不失真条件

设有一个检测系统,其输出 $y(t)$ 与输入 $x(t)$ 满足如下关系:

$$y(t) = A_0 x(t - t_0) \tag{5.9}$$

式中，A_0、t_0 都是常数，表明该检测系统的输出波形与输入信号的波形完全相似，只是幅值放大了 A_0 倍，时间延迟了 t_0（图5.3）。这种情况下，认为检测系统具有无失真的特性。无失真检测的条件是指波形不失真的条件下，幅值和相位都发生了变化。

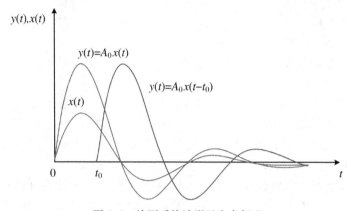

图5.3　检测系统波形无失真复现

2. 频域不失真条件

对式(5.9)作傅里叶变换得：

$$Y(\omega) = A_0 e^{-jt_0\omega} X(\omega) \tag{5.10}$$

当测试系统的初始状态为零时，系统的频率响应为：

$$H(\omega) = \frac{Y(\omega)}{X(\omega)} = A_0 e^{-jt_0\omega} \tag{5.11}$$

因此，系统要实现动态检测无失真，其幅频特性和相频特性应分别满足：

$$\begin{cases} A(\omega) = A_0 = 常数 \\ \varphi(\omega) = -t_0\omega \end{cases} \tag{5.12}$$

即幅频特性曲线是一条平行于 ω 轴的直线，相频特性曲线是斜率为 $-t_0$ 的直线。

　　任何一个检测系统都不可能在无限宽广的频带范围内满足无失真检测条件，将由于 $A(\omega)$ 不等于常数所引起的失真称为幅值失真，由 $\varphi(\omega)$ 与 ω 之间的非线性关系而引起的失真称为相位失真。在测试过程中要根据不同的测试目的，合理的利用波形不失真的条件，否则会得到相反的结果。如果测试的目的仅只是要精确地测出输入波形，那么上述条件都可以满足要求；但如果测试的结果还要用来作为反馈控制信号，那么输出对输入的时间滞后则有可能破坏系统的稳定性。在这种情况下，要根据不同的情况，对输出信号在幅值和相位上进行适当的处理之后，才能用作反馈信号。

　　由于测试系统通常是由若干个测试环节组成，因此，只有保证所使用的每一个测试环节满足不失真的测试条件，才能使最终的输出波形不失真。

5.5　现代检测系统

5.5.1　现代检测系统的作用

在工业生产中,为了保证生产过程能正常、高效、经济的运行,必须对生产过程的某些重要工艺参数(如温度、压力、流量等)进行实时检测与优化控制。例如,在城镇生活污水处理厂在污水的收集、提升、处理、排放的过程中,通常需要实时准确检测液位、流量、温度、浊度、泥位(泥、水分界面位置)、酸碱度(pH)、污水中溶解氧含量(DO)、化学需氧量(COD)、各种有害重金属含量等多种物理和化学成分参量,再由计算机根据这些实测物理、化学成分参量进行流量、(多种)加药(剂)量、曝气量、排泥优化控制。

为保证设备完好及安全生产,需要同时对处理污水所需的动力设备和电气设备的温度、工作电压、电流、阻抗进行安全监测,这样才能实现污水处理安全、高效和低成本运行。据了解,目前国内外一些城市污水处理厂应用现代检测系统,在污水的收集、提升、处理、排放的各环节实现自动检测与优化控制,因而大大降低了污水处理的运营成本。

在军工生产和新型武器、装备研制过程中更离不开现代检测技术,对检测的需求更多,要求更高。研制任何一种新武器,从设计到零部件制造、装配到样机试验,都要经过成百上千次严格的试验,每次试验需要高速、高精度地同时检测多种物理参量,测量点经常多达上千个。至于飞机、潜艇等在正常使用时都装备了上百个各种检测传感器,组成十几至几十种检测仪表实时监测和指示各部位的工作状况。至于在新机型设计、试验过程中需要检测的物理量更多,而检测点通常在 5000 个以上。在火箭、导弹和卫星的研制过程中,需动态高速检测的参量很多,要求也更高。没有精确、可靠的检测手段,要使导弹精确命中目标和卫星准确入轨是根本不可能的。

用各种先进的医疗检测仪器可大大提高疾病的检查、诊断速度和准确性,有利于争取时间、对症治疗,增加患者战胜疾病的机会。

随着生活水平的提高,现代检测技术与人们日常生活愈来愈密切。例如,对新型建筑材料的物理、化学性能检测;检测装饰材料有害成分是否超标;对城镇居民家庭室内的温度、湿度、防火、防盗及家用电器的安全监测,因此可以看出现代检测技术在现代社会中的重要地位与作用。

5.5.2　现代检测系统的组成

尽管现代检测仪器和系统的种类、型号繁多,用途、性能各异,但它们都是用于对各种物理或化学成分等参量的检测的。为实现对这些非电量的电测量,首先需要解决的是将非电量变换为电量,这一变换主要靠传感器来完成。传感器输出的电信号需要经过测量电路进行加工和处理,如衰减、放大、调制和解调、滤波、运算和数字化等。测量结果由输出电路显示或记录。为显示被测量的变化过程,可以采用光线示波器、笔录仪、屏幕显示器、磁带记录仪或计算机虚拟仪器等输出设备。

现代检测系统主要由传感器、信号调理(信号转换、信号检波、信号滤波、信号放大等)、数据采集、信号处理、信号显示和输出以及系统所需的交、直流稳压电源和必要的输入设备等部分组成,其结构如图 5.4 所示。

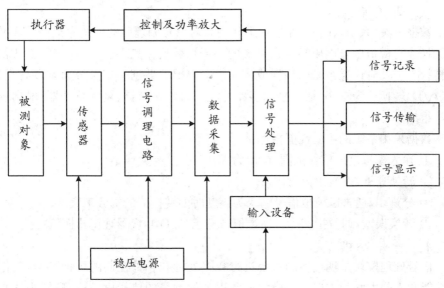

图 5.4　现代检测系统组成框图

1. 传感器

传感器直接作用于被测对象,负责把被测量作为信号提取出来并传输到信号调理部分,是检测系统中形式最多样、与被测对象关系最密切的部分。

传感器作为检测系统的信号源,其性能的好坏将直接影响检测系统的精度和其他指标,是检测系统中十分重要的环节。

2. 信号调理

信号调理在检测系统中的作用是对传感器输出的微弱信号进行检波、转换、滤波、放大等,以方便检测系统后续处理或显示。进行调理时,重要的是考虑原始信号中哪些信息是希望了解的以及如何不丢失和不歪曲有用信息。信号调理的任务是针对传感器输出的特点及其非理想情况进行合理变换及处理。完成信号变换的电路就称为信号调理电路。例如,工程上常见的热电阻型数字温度检测(控制)仪表其传感器 Pt_{100} 输出信号为热电阻值的变化,为便于后续处理,通常需设计一个四臂电桥,把随被测温度变化的热电阻阻值转换成电压信号;由于信号中往往夹杂着 50 Hz 工频等噪声电压,故其信号调理电路通常包括滤波、放大、线性化等环节。

检测系统种类繁多,复杂程度差异很大,信号的形式也多种多样,各系统的精度、性能指标要求各不相同,它们所配置的信号调理电路的多寡也不尽一致。对信号调理电路的一般要求是:能准确转换、稳定放大、可靠地传输信号;且信噪比高,抗干扰性能要好。

3. 数据采集

数据采集(系统)在检测系统中的作用是对信号调理后的连续模拟信号离散化并转换成与模拟信号电压幅度相对应的一系列数值信息,同时以一定的方式把这些转换数据及时传递给微处理器或依次自动存储。数据采集系统通常以各类模/数(A/D)转换器为核心,辅以模拟多路开关、采样/保持器、输入缓冲器、输出锁存器等组成。

数据采集系统的主要性能指标是:

① 输入模拟电压信号范围,单位为 V;

② 转换速度(率),单位为次/s;

③ 分辨率,通常以模拟信号输入为满度时的转换值的倒数来表征;

④ 转换误差,通常指实际转换数值与理想 A/D 转换器理论转换值之差。

4. 信号处理

信号处理模块是现代检测系统进行数据处理和各种控制的中枢环节,其作用与功能和人的大脑相类似。该模块通常以各种型号的单片机、微处理器为核心来构建,对高频信号和复杂信号的处理有时需增加数据传输和运算速度快、处理精度高的专用高速数据处理器(DSP)或直接采用工业控制计算机。

由于微处理器、单片机和大规模集成电路技术的迅速发展和这类芯片价格不断降低,对稍复杂一点的检测系统(仪器)其信号处理环节都应考虑选用合适型号的单片机、微处理器、DSP 或嵌入式模块为核心来设计和构建,从而使所设计的检测系统获得更高的性价比。

5. 信号显示

该模块通常是将计算出的被测参量的瞬时值、累积值或其随时间的变化情况等送至显示器作实时显示。信号显示是检测系统与人联系的主要环节之一,一般有指示式显示、数字式显示和屏幕式显示三种形式。

6．信号输出

在许多情况下,检测系统在信号处理器计算出被测参量的瞬时值后除送显示器进行实时显示外,通常还需把测量值及时传送给控制计算机、可编程控制器(PLC)或其他执行器、打印机、记录仪等,从而构成闭环控制系统或实现打印(记录)输出。

7．输入设备

输入设备是操作人员和检测系统联系的另一主要环节,用于输入设置参数,下达有关命令等。最常用的输入设备是各种键盘、拨码盘、条码阅读器等。近年来,随着工业自动化、办公自动化和信息化程度的不断提高,通过网络或各种通信总线利用其他计算机或数字化智能终端,实现远程信息和数据输入的方式愈来愈普遍。最简单的输入设备是各种开关和按钮,模拟量的输入及设置往往借助电位器完成。

8．稳压电源

一个现代检测系统往往既有模拟电路部分,又有数字电路部分,通常需要多组幅值大小要求各异但稳定的电源。这类电源在检测系统使用现场一般无法直接提供,通常只能提供交流 220 V 工频电源或 + 24 V 直流电源。检测系统的设计者需要根据使用现场的供电电源情况及检测系统内部电路的实际需要,统一设计各组稳压电源,给系统各部分电路和器件分别提供它们所需的稳定电源。

需要指出的是,上述各个部分不是所有的检测系统都具备的,而且对一些简单的检测系统,其各环节之间的界线也比较模糊,需根据具体情况进行分析。

5.5.3　现代检测技术的发展方向

随着科技水平的不断提高,对检测技术的需求与日俱增,而科学技术,尤其是大规模集成电路技术、微型计算机技术、机电一体化技术、微电子和新材料技术的不断进步,大大促进了现代检测技术的发展。目前,现代检测技术大致朝以下几个方向发展。

1．检测精度高、可靠性好、测量范围宽

随着科学技术的发展,现代检测系统对检测精度、测量范围、可靠性等性能要求愈来愈高。以温度为例,为满足某些科研实验的需求,不仅要求研制测温下限接近绝对零度 - 273.15℃且测温范围要尽可能达到 15 K(约 - 258℃)的高精度超低温检测仪表;同时,某些场合需连续测量液态金属的温度或长时间连续测量 2 500 ～3 000℃的高温介质温度。

目前,除了超高温、超低温度检测仍有待突破外,其他诸如混相流量检测、脉动流量检测、微差压(几十个帕斯卡)检测、超高压检测、高温高压下物质成分检测、分子量检测、高精度(0.02%以上)检测、大吨位(3×10^7 N 以上)重量检测等都是需要尽早攻克的检测课题。努力研制在复杂和恶劣测量环境下能满足用户所需精度要求且能长期稳定工作的各种高可靠性检测仪器和检测系统将是检测技术的一个长期方向。

2. 多功能新型传感器的发展与应用

随着大规模集成电路技术与产业的迅猛发展,已有不少传感器实现了敏感元件与信号调理电路的集成和一体化,对外直接输出标准的 4~20 mA 电流信号,成为标准的变送器。同时,开发多种功能新型组合式传感器,如将热敏元件、湿敏元件和信号调理电路集成在一起,则一个传感器可同时完成温度和湿度的测量,或者将敏感元件与信号调理电路、信号处理电路统一设计并集成化,成为能直接输出数字信号的新型传感器。这些传感器的应用极大地方便了测量任务。

3. 非接触式检测技术

接触式检测方法是把传感器置于被测对象上,感触被测参量的变化,具有测量直接、可靠、精度较高等特点。但在某些情况下,检测过程中根本不允许或不可能安装传感器,例如,测量高速旋转轴的振动、转矩等,因此,采用非接触式检测技术尤其必要。目前的光电式传感器、电涡流式传感器、超声波检测仪表、核辐射检测仪表等正是在这些背景下发展起来的。今后不仅需要继续改进和克服非接触式(传感器)检测仪器易受外界干扰及绝对精度较低等问题,而且对一些难以或无法采用接触方式进行检测的非接触检测技术,尤其是对那些具有重大军事、经济或其他应用价值的非接触检测技术课题的研究投入会不断增加,对非接触检测技术的研究、发展和应用步伐都将明显加快。

4. 智能化检测系统

近年来由于包括微处理器、单片机在内的大规模集成电路的成本不断降低,功能和集成度不断提高,使得很多以单片机、微处理器或微型计算机为核心的现代检测系统实现了智能化,它们通常具有系统故障自测、自诊断、自调零、自校准、自选量程、自动测试和自动分选功能,具有自校正功能、强大数据处理和统计功能、远距离数据通信和输入、输出功能,可配置各种数字通信接口,传递检测数据和各种操作命令等,可方便地接入不同规模的自动检测、控制与管理信息网络系统。与传统检测系统相比,智能化的现代检测系统具有更高的精度和性价比。

习　　题

1. 综述并举例说明检测技术在现代化建设中的作用。

2. 检测系统的基本特性有哪些?

3. 检测系统通常由哪几个部分组成? 各类检测系统对传感器及信号调理电路的一般要求是什么?

4. 试述检测系统的无失真检测条件是什么。

5. 现代检测技术的发展趋势有哪些?

第6章 常用检测技术

6.1 力学量检测

6.1.1 力的测量

1. 力的基本概念

力体现了物质之间的相互作用,凡是能使物体的运动状态或物体所具有的动量发生改变而获得加速度或者使物体发生变形的作用都称为力。按照力产生原因的不同分重力、弹性力、惯性力、膨胀力、摩擦力、浮力、电磁力等。按力对时间的变化性质分静态力和动态力两大类。静态力是指不变的力或变化很缓慢的力。动态力是指随时间变化显著的力,如冲击力、交变力或随机变化的力等。

力在国际单位制(SI)中是导出量,牛顿第二定律($F = ma$)揭示了力(F)的大小与物体质量(m)和加速度(a)的关系,即力是质量和加速度的乘积。我国法定计量单位制和国际单位制中,规定力的单位为牛顿(N),定义为:使 1 kg 质量的物体产生 1 m/s^2 加速度的力,即 1 N = 1 kg·m/s^2。

力的传递方式的检测有定度和检定两种:定度是根据基准和标准测力仪器设备所传递的力值确定被校仪表刻度所对应的力值;检定是将准确度级别更高的基准和标准测力仪器设备与被检定测力仪表进行比对,以确定被检定测力仪表的误差。

2. 力的测量方法

力施加于某一物体后,将使物体的运动状态或动量改变,使物体产生加速度,这是力的"动力效应"。还可以使物体产生应力,发生变形,这是力的"静力效应"。因此,可以利用这些变化来实现对力的检测。力的测量方法可归纳为力平衡法,测位移法和利用某些物理效应测力等。

(1) 力平衡法

力平衡式测量法是基于比较测量的原理,用一个已知力来平衡待测的未知力,从而得出待测力的值。平衡力可以是已知质量的重力、电磁力或气动力等。

① 机械式力平衡装置。

图 6.1(a)所示为梁式天平,通过调整砝码使指针归零,将被测力 F_i 与标准质量(砝码 G)的重力进行平衡,直接比较得出被测力 F_i 的大小。

图 6.1(b)所示为机械杠杆式力平衡装置,可转动的杠杆支撑支点 M 上,杠杆左端上面悬挂有刀形支承 N,在 N 的下端直接作用有被测力 F_i;杠杆右端是质量 m 已知的可滑动砝码 G;另在杠杆转动中心上安装有归零指针。测量时,调整砝码的位置使之与被测力平衡。当达到平衡时,则有:

$$F_i = \frac{b}{a}mg \qquad (6.1)$$

式(6.1)中,a,b 分别为被测力 F_i 和砝码 G 的力臂;g 为当地重力加速度。可见,被测力 F_i 的大小与砝码重力 mg 的力臂 b 成正比,因此可以在杠杆上直接按力的大小刻度。这种测力计机构简单,常用于材料试验机的测力系统中。

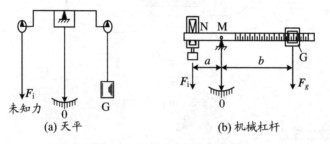

(a) 天平　　　　(b) 机械杠杆

图 6.1 机械式力平衡装置

上述测力方法的优点是简单易行,可获得很高的测量精度。但这种方法是基于静态重力力矩平衡的,因此仅适用于作静态测量。

② 磁电式力平衡装置。

与机械杠杆式测力系统相比较,磁电式力平衡系统(图 6.2)使用方便,受环境条件影响较小,体积小、响应快,输出的电信号易于记录且便于远距离测量和控制。

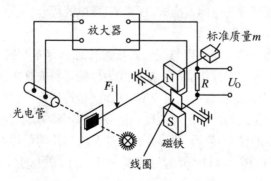

图 6.2 磁电式力平衡测力系统

(2) 测位移法

在力作用下,弹性元件产生变形,测位移法通过测量未知力所引起的位移,从而可间接测得未知力值。

图6.3所示为电容传感器与弹性元件组成的测力装置,图中,扁环形弹性元件内腔上下平面上分别固连电容传感器的两个极板。在力作用下,弹性元件受力变形,使极板间距改变,导致传感器电容量变化。用测量电路将此电容量变化转换成电信号,即可得到被测力值。通常采用调频或调相电路来测量电容。这种测力装置可用于大型电子吊秤。

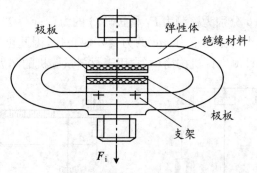

图6.3 电容式测力装置

(3) 物理效应法

物体在力作用下会产生某些物理效应,如应变效应、压磁效应、压电效应等,可以利用这些效应间接检测力值。各种类型的测力传感器就是基于这些效应而设计的。

3. 测力传感器

测力传感器通常将力转换为正比于作用力大小的电信号,使用十分方便,因而在工程领域及其他各种场合应用最为广泛。测力传感器种类繁多,依据不同的物理效应和检测原理可分为电阻应变式、压磁式、压电式等。

(1) 应变式力传感器

应变式力传感器的工作原理与应变式压力传感器基本相同,它也是由弹性敏感元件和贴在其上的应变片组成的。应变式力传感器首先把被测力转变成弹性元件的应变,再利用电阻应变效应测出应变,从而间接地测出力的大小。应变片的布置和接桥方式对于传感器的输出灵敏度和消除有害因素影响有很大关系。

图6.4是常见的柱形、筒形、梁形弹性元件及应变片的贴片方式。图6.4(a)所示为柱形弹性元件;图6.4(b)所示为筒形弹性元件;图6.4(c)所示为梁形弹性元件。

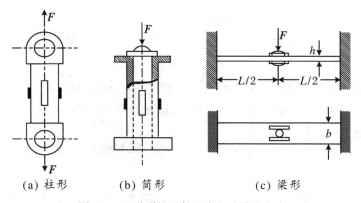

(a) 柱形　　　　　(b) 筒形　　　　　(c) 梁形

图 6.4　几种弹性元件及应变片贴片方式

(2) 压磁式力传感器

当铁磁材料在受到外力拉、压作用而在内部产生应力时,其磁导率会随应力的大小和方向而变化。受拉力时,沿力作用方向的磁导率增大,而在垂直于作用力的方向上磁导率略有减小。受压力作用时则磁导率的变化正好相反。这种物理现象就是铁磁材料的压磁效应。

基于压磁效应的力传感器称为压磁式力传感器,一般由压磁元件、传力机构组成,如图 6.5(a)所示。其中主要部分是压磁元件,它由其上开孔的铁磁材料薄片叠成。

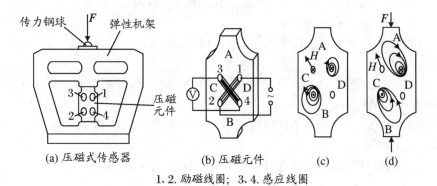

(a) 压磁式传感器　　　(b) 压磁元件　　　(c)　　　　(d)

1、2. 励磁线圈；　3、4. 感应线圈

图 6.5　压磁式传感器

图 6.5 中,(a)是压磁式传感器;(b)是压磁元件;(c)是无外力作用时的压磁元件,其 A、B、C、D 四区的磁导率相同,合成磁场 H 平行于感应线圈;(d)是受外力作用时的压磁元件,A、B 区磁导率减小,磁阻增大,部分磁感应线穿过 C、D 区,穿过感应线圈的磁通变化。

压磁式力传感器输出功率大、过载能力强、寿命长,可应用于恶劣环境,但精度和灵敏度低。

6.1.2　压力的测量

压力是工业生产过程中重要的工艺参数之一,正确地测量和控制压力是保证工业生产过程良好地运行,达到高产、优质、低耗及安全生产的重要手段。

1. 压力的基本概念

压力是垂直而均匀地作用在单位面积上的力,即物理学中常称的压强。工程上,习惯把压强称为压力。

工程中常采用的压力有绝对压力(Pa)、表压力(Pg)、真空(Pv)和差压等几种。具体类型如下:

① 大气压力:由于大气重力,包围地球的大气对单位面积的地球表面施加的压力。

② 绝对压力(Absolute Pressure):相对于绝对真空所测得的压力。

③ 表压力(Gauge Pressure):相对于大气压力的差压。绝对压力和大气压力之间的差压。

④ 正压力(Positive Pressure):绝对压力高于大气压力时的表压,简称正压。

⑤ 负压力(Negative Pressure):绝对压力低于大气压力时的表压,简称负压。

⑥ 真空(Vacuum):低于大气压力的绝对压力。

⑦ 差压(压差):任意两个压力之差称为差压。

2. 压力的计量单位

压力的单位是力和面积的导出单位,而各种单位制中力和面积的单位不同,常用压力的单位也有多种:

① 在 SI 中,压力的单位是牛顿/平方米(N/m^2),称为帕斯卡或简称帕(Pa),$1\ Pa \approx 0.1\ mmH_2O$(毫米水柱);

② 在 CGS 制中,压力的单位是达因/平方厘米(dyn/cm^2)简称为巴(bar),$1\ bar = 0.1\ MPa$

③ 在新标准中,压力还有其他单位,如标准大气压(atm)、千克力/平方米(kg_f/m^2)、托(Torr)、工程大气压(at)等。

④ 目前工程技术部门仍在使用的压力单位有工程大气压、物理大气压、巴、毫米水柱、毫米汞柱等。

3. 压力检测的基本方法

根据不同工作原理,压力检测方法可分为如下几种:

(1) 重力平衡方法

利用一定高度的工作液体产生的重力或砝码的重量与被测压力相平衡的原

理,将被测压力转换为液柱高度或平衡砝码的重量来测量。

（2）弹性力平衡方法

利用弹性元件受压力作用发生弹性变形而产生的弹性力与被测压力相平衡的原理来检测压力。

（3）机械力平衡方法

将被测压力经变换元件转换成一个集中力,用外力与之平衡,通过测量平衡时的外力测知被测压力。

（4）物性测量方法

利用敏感元件在压力的作用下,其某些物理特性发生与压力成确定关系变化的原理,将被测压力直接转换为各种电量来测量。

4．常用压力检测仪表

压力计按工作原理不同可分为液柱式、弹性式和传感器式三种形式。

① 液柱式如 U 形管压力计、单管压力计、斜管式微压计等,是根据流体静力学原理将压力信号转变为液柱高度信号,常使用水、酒精或水银作为测压物质。

② 弹性式如弹簧管压力计,将压力信号转变为弹性元件的机械变形量,以指针偏转的方式输出信号。工业系统中多使用此类压力计。

③ 压力传感器的原理是将压力信号转变为某种电信号,如应变式,通过弹性元件变形而导致电阻变化;压电式,利用压电效应等。

液柱式压力计结构简单,灵敏度和精确度都高,常用于校正其他类型压力计,缺点是体积大、反应慢、难以自动测量。弹性式压力计使用方便、测压范围大,但精度较低,同样不能自动测量。各种压力传感器均能小型化,比较精确和快速测量,尤能测量动态压力,实现多点巡回检测、信号转换、远距离传输、与计算机相连、适时处理等,因而得到迅速发展和广泛应用。

（1）液柱式压力计

应用液柱测量压力的方法是以流体静力学原理为基础的。一般是采用充有水或水银等液体的玻璃 U 形管、单管或斜管进行压力测量的,其结构形式如图 6.6 所示。

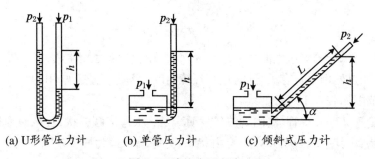

(a) U形管压力计　　　(b) 单管压力计　　　(c) 倾斜式压力计

图 6.6　液柱式压力计

下面主要介绍 U 形管压力计。图 6.6(a)所示的 U 形管是用来测量压力和压差的仪表。在 U 形管两端接入不同压力 p_1 和 p_2 时,根据流体静力平衡原理可知,U 形管两边管内液柱差 h 与被测压力 p_1 和 p_2 的关系为:

$$p_1 A = p_2 A + \rho g h A \tag{6.2}$$

由式(6.2)可求得两压力的差值 Δp 或在已知一个压力的情况下(如压力 p_2),求出另一压力值:

$$\Delta p = p_1 - p_2 = \rho g h$$
$$p_1 = p_2 + \rho g h \tag{6.3}$$

使用液柱式压力计时应注意以下几点:

① 由于汞有毒,使用汞封液压力计时,应装收集器。

② 读数时注意考虑液体毛细现象和表面张力的因素。凹形液面(如水)以液面最低点为准,凸形液面(如汞)以液面最低点为准。

③ 直管材料为玻璃时,为了保证玻璃管的安全,要注意压力计工作环境的温度和振动。

④ 压力计维修时,如果更换了液体,要重新标度压力计。如果被测介质会与工作液混合或发生化学反应,则应更换其他工作液或加隔离液。

(2) 弹性式压力计

将敏感元件感受压力而产生的弹性形变量转换为电量进行测量的称为弹性压力计。弹性元件是核心部分,用于感受压力并产生弹性变形;指示机构用于给出压力示值;调整机构用于调整压力计的零点和量程。弹性压力计根据所用弹性元件的不同构成了多种形式的弹性压力计,其基本组成如图 6.7 所示。

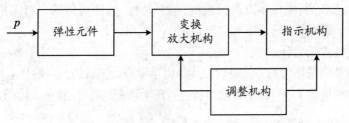

图 6.7　弹性压力计组成框图

弹性压力计的测压性能主要取决于弹性元件的弹性特性,它与弹性元件的材料、加工和热处理质量有关,同时还与环境温度有关。工业上常用的弹性元件结构和测压范围如表 6.1 所示。

弹簧管又称波登管(法国人波登发明),是一根弯成圆弧状、管截面为扁圆形的空心金属管,其一端封闭并处于自由状态,另一端开口为固定端,被测压力由固定端引入弹簧管内腔。特点是测量范围大,可用于高、中、低压或对真空度的测量。

表6.1 弹性元件的结构和压力测量范围

弹簧管式		波纹管式	弹性膜式		
单圈弹簧管	多圈弹簧管	波纹管	平薄膜	波纹膜	挠性膜
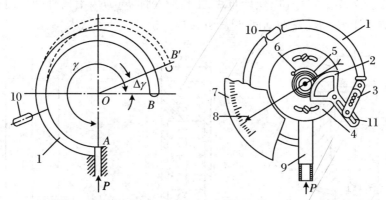					
$0\sim106$ kPa	$0\sim105$ kPa	$0\sim103$ kPa	$0\sim105$ kPa	$0\sim103$ kPa	$0\sim102$ kPa

波纹管是一端封闭的薄壁圆管,壁面是环状波纹。被测压力从开口端引入,封闭端将产生位移。其特点是位移相对较大,灵敏度高,用于低压或差压测量。

弹性膜片是外缘固定的片状弹性元件,有平膜片、波纹膜片和挠性膜片几种形式,其弹性特性由中心位移与压力的关系表示,用于低压、微压测量。特点是平膜片位移很小,波纹膜片有正弦、锯齿或梯形等环状同心波纹,挠性膜片仅用作隔离膜片,需与测力弹簧配用。

下面主要介绍弹簧管式压力计。弹簧管式压力计是工业生产上应用很广泛的一种测压仪表,以单圈弹簧管结构应用最多,其结构如图6.8所示。

1. 弹簧管; 2. 扇形齿轮; 3. 拉杆; 4. 底座; 5. 中心齿轮; 6. 游丝;
7. 表盘; 8. 指针; 9. 接头; 10. 弹簧管横截面; 11. 调节开口槽

图6.8 弹簧管式压力计结构

弹簧管式压力计具有结构简单、使用方便、价格低廉、测压范围宽、精度最高等特点。其工作过程是:被测压力由接口引入,使弹簧管自由端产生位移,通过拉杆使扇形齿轮逆时针偏转,并带动啮合的中心齿轮转动,与中心齿轮同轴的指针将同时顺时针偏转,并在面板的刻度标尺上指示出被测压力值。

(3) 压力传感器

能够测量压力并提供远传电信号的装置称为压力传感器,如果装置内部还设有适当的处理电路,能将压力信号转换成工业标准信号(如 4～20 mA 直流电流)输出,则称为压力变送器。这里主要介绍通过弹性元件变形而导致电阻变化的电阻应变式压力传感器。

电阻应变片的工作原理是基于应变效应,即导体或半导体材料在外界力的作用下产生机械变形时,其电阻值发生变化,这种现象称为"应变效应"。

被测压力作用在传感器的弹性元件上,使弹性元件产生弹性变形,并用弹性变形的大小来量度压力的大小。由于去载时弹性变形可恢复,所以应变式测压传感器不仅能测量压力的上升段,也能测量压力的下降段,能反映出压力变化的全过程。

电阻应变式压力传感器主要用来测量流体的压力。视其弹性体的结构形式有单一式和组合式之分。单一式压力传感器是指应变计直接粘贴在受压弹性膜片或筒上。膜片式应变压力传感器的结构、应力分布及布片,与固态压阻式传感器类似。

图 6.9 所示为筒式应变压力传感器,图中(a)为结构示意;(b)为材料取 E 和 μ 的厚底应变筒;(c)为 4 片应变计布片,工作应变计 R_1、R_3 沿筒外壁周向粘贴,温度补偿应变计 R_2、R_4 贴在筒底外壁,并接成全桥。

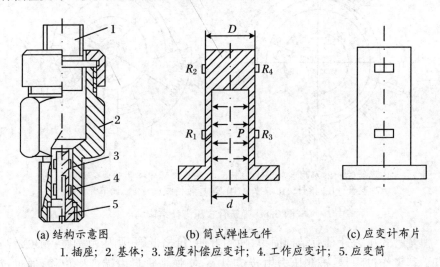

(a) 结构示意图　　　　(b) 筒式弹性元件　　　　(c) 应变计布片

1.插座; 2.基体; 3.温度补偿应变计; 4.工作应变计; 5.应变筒

图 6.9　筒式应变压力传感器

当应变筒内腔承受压力 P 时,厚壁筒表面的周向应力最大,相应的周向应变 ε_t 为:

$$\varepsilon_t = \frac{(2 - \mu)d^2}{(D^2 - d^2)E}P \tag{6.4}$$

对于薄壁筒应变 ε_t 为：

$$\varepsilon_t = \frac{(2 - \mu)d^2}{(D - d)E}P \tag{6.5}$$

式中，P 为被测压力值；E 为应变筒材料的弹性模量；μ 为应变材料的泊松比；D 为应变筒外径；d 为应变筒内径。

组合式应变压力传感器则由受压弹性元件(膜片、膜盒或波纹管)和应变弹性元件(如各种梁)组合而成。前者承受压力，后者粘贴应变计。两者之间通过传力件传递压力作用。这种结构的优点是受压弹性元件能对流体高温、腐蚀等影响起到隔离作用，使应变计具有良好的工作环境。

6.2　运动量检测

运动量是描述物体运动的量，包括位移、速度和加速度。运动量是最基本的量，运动量测量是最基本、最常见的测量，它是对许多物理量，如力、压力、温度、振动等进行测量的前提，也是惯性导航、制导技术的基础。

6.2.1　位移检测

位移是向量，是指物体或其某一部分的位置相对参考点在一定方向上产生的位置变化量，因而测量时除了确定其大小之外，还应确定其方向，一般应使测量方向与位移方向重合，这样才能真实地测量出位移量的大小。如测量方向和位移方向不重合，则测量结果仅是该位移在测量方向的分量。

位移测量包括长度、厚度、高度、距离、物位、镀层厚度、表面粗糙、角度等的测量。

位移测量时，应当根据不同的测量对象，选择适当的测量点、测量方向和测量系统。位移测量系统是由位移传感器、相应的测量放大电路和终端显示装置组成。位移传感器的选择恰当与否，对测量精度影响很大，测量时需要特别注意。

根据位移测量的原理，位移测量方法可以分为以下几种：

(1) 电气式位移测量法

通过各种位移传感器，将被测位移量的变化转换成电量(电压、电流、阻抗等)、流量、光通量、磁通量等的变化，再经相应的测试电路处理后，传递到记录或显示装置。电气式位移测量法属于接触式测量,传感器对被测对象有一定影响,其特点是测量动态范围大,是目前应用最广泛的一种方法。

(2) 光电式位移测量法

将机械位移量通过光电式位移传感器转换为电量再进行测量的方法,利用介质分界面对光波的反射原理来测量位移,如激光测距仪等。

光电式位移测量法是一种非接触测量方法,应用于需进行非接触测量的场合,对被测对象无不良影响,具有较高的频响精度。

(3) 机械式位移测量法

该测量方法利用杠杆、齿轮、曲柄等机构对所测振动参量进行放大、传递,用指针等显示。机械式测量方法的缺点是机械惯性大、动态特性较差、不能远距离传送。

(4) 积分转换法

通过测量运动体的速度或加速度,经过积分或二次积分求得运动体的位移。例如,在惯性导航中就是通过测量载体的加速度,经过二次积分而求得载体的位移。

一般来说,在进行位移测量时,要充分利用被测对象所在场合和具备的条件来设计、选择测量方法。

1. 常用的位移传感器

在很多情况下,可以通过位移传感器直接测得位移。针对位移测量的应用场合不同,可采用不同的位移传感器。表 6.2 中列出了较常见的位移传感器的主要特点和使用性能。除表中所列的传感器外,近年来各种新型传感器发展十分迅速,给位移的测量提供了不少新方法。

表 6.2　常用位移传感器一览表

类　型			测量范围	精确度	线性度	工作特点
电阻式	滑线式	线位移	1～300 mm	±0.1%	±0.1%	分辨率较好,可静态或动态测量,但机械结构不牢固
		角位移	0～360°	±0.1%	±0.1%	
	变阻式	线位移	1～1 000 mm	±0.5%	±0.5%	结构牢固,寿命长,但分辨率差,电噪声大
		角位移	0～60 r	±0.5%	±0.5%	
应变式	非粘贴式		±0.15%应变	±0.1%	±1%	不牢固
	粘贴式		±0.3%应变	±(2%～3%)		使用方便,需温度补偿
	半导体式		±0.25%应变	±(2%～3%)	满刻度±20%	输出幅值大,温度灵敏性高

续表

类型		测量范围	精确度	线性度	工作特点
电感式	自感型变气隙式	±0.2 mm	±1%	±3%	只宜用于微小位移测量
	差动变压器式	±(0.08～75) mm	±0.5%	±0.5%	分辨率好,受到磁场干扰时需屏蔽
	电涡流式	±(2.5～250) mm	±(1%～3%)	<3%	分辨率好,被测物必须是导体
	同步机	360°	±(0.1～7)°	±0.5%	可在 1 200 r/min 转速工作,坚固,对温度和湿度不敏感
电容式	变面积式	0.001～1 000 mm	±0.005%	±1%	介电常数受环境温度、湿度影响较大
	变间距式	0.001～1 000 mm	0.1%		分辨率很好,但测量范围很小,只能在小范围内近似地保持线性
霍尔元件		±1.5mm	0.5%		结构简单,动态特性好
感应同步器	直线式	0.001～10 000 mm	2.5 μm～250 mm		模拟和数字混合测量系统,数字显示(直线式感应同步器的分辨率可达 1 μm)
	旋转式	0～360°	±0.5°		
计量光栅	长光栅	0.001～1000 mm	3 μm～1 m		同上(长光栅分辨率可达 1 μm)
	圆光栅	0～360°	±0.5″		
激光干涉仪		2 m			测量精度高、操作方便,能精确测得位移值及方向

　　表 6.2 中的电容式位移传感器、差动电感式位移传感器和电阻应变式位移传感器一般用于小位移的测量(几微米至几毫米);差动变压器式传感器用于中等位移的测量(几毫米至 100 毫米左右),它在工业测量中应用较多;电位器式传感器适用于较大范围位移的测量,但精度不高;光栅、激光等常用于位移的精密测量,测量精度较高。

2. 位移传感器的应用

　　工程中较常见的位移传感器有电感式位移传感器、电涡流位移传感器和光电式位移传感器等,本节重点介绍几种典型的位移传感器及其测量系统。

（1）电感式位移传感器

电感式位移传感器（Inductance Type Transducer）是利用电磁感应定律将被测位移转换为线圈的自感系数和互感系数的变化，再由电路转换为电压或电流的变化量输出，实现非电量到电量的转换。电感线圈中输入的是交流电流，当被测位移量引起铁芯与衔铁之间的磁阻变化时，线圈中的自感系数 L 或互感系数 M 产生变化。

电感式位移传感器具有以下特点：

① 结构简单，无活动电接触点，工作可靠，寿命长。

② 灵敏度高，分辨率高，能测出 $0.1\ \mu\mathrm{m}$ 甚至更小的机械位移变化，能感受微小角度变化。传感器的输出信号强。

③ 电压灵敏度高，有利于信号的传输与放大。

④ 重复性好，线性度优良，能实现信息的远距离传输、记录、显示和控制，在工业自动控制系统中广泛被采用。

⑤ 不适用于高频动态测量，对激励电源的频率和幅值稳定性要求较高。

电感式位移传感器按传感器结构的不同可分为以下三种形式：自感式（电感式）、互感式（差动变压器式）和电涡流式。

互感式电感传感器是位移传感器中较常见的一种。它由衔铁 1、初级线圈 L_1、次级线圈 L_{21} 与 L_{22} 和线圈架 2 所组成，如图 6.10 所示。

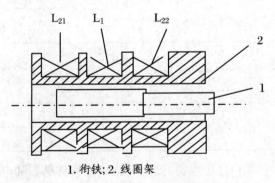

1. 衔铁；2. 线圈架

图 6.10　互感式位移传感器

互感式电感传感器具有线性范围大、测量精度高、稳定性好和使用方便等优点，广泛应用于直线位移测量中，还可以转换成位移变化的机械量（如力、张力、压力、压差、加速度、振动、应变、流量、厚度、液位、比重、转矩等）的测量。

图 6.11 所示的是将互感式电感传感器应用于锅炉自动连续给水控制装置的实例。该装置由浮球—电感式传感器、控制器、调节阀与积分式电动执行器组成。浮球—电感式传感器是由浮球、浮球室和互感式传感器所组成。

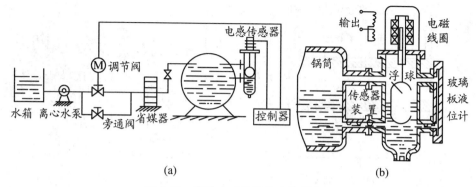

图 6.11　锅炉自动连续给水控制装置

　　锅炉水位的变化被浮球所感受,推动传感器的衔铁随着水位的波动而上下移动,使传感器的电感量发生变化,经控制器将电感量放大后反馈给调节阀。调节阀感受线圈电感量的变化,产生相应的开或关的电信号,调节阀通过执行器,开大或关小阀门,实现连续调节给水的目的。当锅炉水位上升时,调节阀逐步关小,使锅炉的给水量逐步减少;反之,调节阀逐步开大,则锅炉的给水量逐步增加。由于在执行器的阀杆上设置一个与传感器线圈特性相同的阀位反馈线圈,当传感器线圈与反馈线圈经放大后的电感电压信号相等时,执行器就稳定在某一高度上,锅筒内水位也保持在某一高度,从而使锅炉的给水量与蒸发量自动处于相对平衡的位置。

(2) 光电式位移测量系统

　　光电式位移测量系统是将机械位移量通过光电式位移传感器转换为电量再进行测量的方法。

　　半导体光电位置敏感器件(Position Sensitive Detector,简称 PSD)是一种对其感光面上入射光点位置敏感的光电器件,即当入射光点落在器件感光面的不同位置时,将对应输出不同的电信号,通过对此输出电信号的处理,即可确定入射光点在器件感光面上的位置。PSD 可分为一维和二维 PSD。PSD 的特点是:对光斑的形状无严格要求;光敏面上无象限分割线,对光斑可进行连续测量,位置分辨率高,例如:一维 PSD 的分辨率可达 $0.2~\mu m$,可同时检测位置和光强。

　　PSD 广泛应用于激光的监控(对准、位移、振动)、平面度的检测、倾斜度的检测和二维位置的检测等。下面简要介绍 PSD 的结构和工作原理。

　　图 6.12 所示为一个 PIN 型一维 PSD 的示意图,其中(a)为 PSD 断面结构;(b)为 PSD 等效电路图。该 PSD 包含三层,上面为 P 层,下面为 N 层,中间为 I层,它们全被制作在同一硅片上,P 层不仅是一个光敏面,而且还是一个均匀的电阻层。

　　当入射光照射到 PSD 的光敏层上时,在入射位置上就会产生与光能成正比的

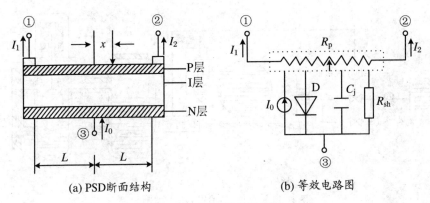

(a) PSD断面结构　　　　　　(b) 等效电路图

图 6.12　　PSD 结构示意图

电荷,此电荷以光电流的形式通过电阻层(P 层)由电极输出。分析等效电路图可知,当器件 P 层的电阻率分布均匀、负载及电极接触电阻为零时,电极①和电极②输出的电流大小分别与光点到各电极的电阻值(距离)成反比。设电极①和电极②的距离为 $2L$,电极①和电极②输出的光电流分别为 I_1 和 I_2,电极③上的总电流 I_0,则 $I_0 = I_1 + I_2$。若以 PSD 的中心点位置作为原点时,光点距离中心点的距离为 x,则有:

$$\left. \begin{aligned} I_1 &= \frac{L - x}{2L} I_0 \\ I_2 &= \frac{L + x}{2L} I_0 \\ x &= \frac{I_2 - I_1}{I_2 + I_1} L \end{aligned} \right\} \tag{6.6}$$

利用式(6.6)即可确定光斑能量中心对于器件中心的位置 x。

图 6.13 所示的是单面型二维 PSD,在受光面上设有两对电极,A、B 为 x 轴电极,A′、B′为 y 轴电极。设 $I_A \sim I_D$ 为电极 A~D 的光电流,则光点能量中心的位置坐标为:

$$x = \frac{I_B - I_A}{I_B + I_A} L$$

$$x = \frac{I_D - I_C}{I_D + I_C} L$$

需要指出,上述 x、y 位置表达式是近似式,光点在器件中心附件是正确的,而距离器件中心越远、越接近边缘部分,误差越大。要得到较好的线性关系,还要求 PSD 满足反偏电压高、光电流大等工作条件。

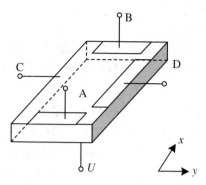

图 6.13　二维面阵位置传感器

6.2.2　速度检测

速度是指在单位时间内的位移增量,是一个矢量,有大小和方向。速度测量分为线速度测量和角速度测量。线速度的计量单位通常用 m/s(米/秒)来表示;角速度测量分为转速测量和角速率测量,转速的计量单位常用 r/min(转/分)来表示,角速率的计量单位则常用°/s(度/秒)或°/h(度/小时)来表示。速度是位移对时间的微分,对加速度的积分,可把位移传感器的输出电信号通过微分电路进行微分,或者把加速度传感器的输出电信号通过积分电路进行积分,就可以得到速度随时间的变化关系。

1. 速度测量方法

常用的速度测量方法有下述几种:微积分测速法、线速度和角速度相互转换测速法、利用物理参数测速法(速度传感器法)和时间、位移计算测速法。

(1) 微积分法

对运动体的加速度信号 a 进行积分运算,得到运动体的运动速度,或者将运动体的位移信号进行微分也可以得到运动体的速度。例如,在振动测量时,应用加速度计测得振动体的振动信号,或应用振幅计测得振动体的位移信号,再经过电路进行积分或微分运算而得到振动速度。

(2) 线速度和角速度相互转换测速法

线速度和角速度在同一个运动体上是有固定关系的,这和线位移与角位移在同一运动体上有固定关系一样,在测量时可采取互换的方法测量。例如测火车行驶速度时,直接测线速度不方便,可通过测量车轮的转速,换算出火车的行驶速度。

(3) 速度传感器法

利用各种速度传感器,将速度信号变换为电信号、光信号等易测信号。速度传感器法是最常用的一种方法。

(4) 时间、位移计算测速法

这种方法是根据速度的定义测量速度,即通过测量距离 L 和走过该距离的时间 t 求得平均速度。L 取得越小,则求得的速度越接近运动体的瞬时速度。如对子弹速度、运动员百米速度的测量等。

根据这种测量原理,在固定的距离内利用数学方法和相应设备又衍生出很多测速方法,如相关测速法、空间滤波器测速法。所谓相关测速法是在被测运动物体经过的两固定距离(为 L)点上安装信号检测器,通过对运动体经过两固定点所产生的两个信号进行互相关分析,求出时延 τ,则运动体的平均速度为 $V = L/\tau$。

2. 利用多普勒雷达测量弹丸飞行速度

测速雷达是利用多普勒效应对弹丸飞行速度进行测量的。设有一个波源,以 f_0 的频率发射电磁波,而接受体以速度 v 相对于此波源运动。那么,这一接收体所感受到的波的频率将不是 f_0,而是 f_r,并有如下之关系:

$$f_0 - f_r = \frac{v}{\lambda_0} \tag{6.7}$$

式中,λ_0 为波源发送的波的波长,$f_d = \dfrac{v}{\lambda_0}$ 称为多普勒频率。如果用一个雷达天线作为波源,它所发射的电磁波遇到以速度 v 飞行的弹丸后反射回来,而弹丸的飞行是沿波束方向远离雷达天线,则在这种情况下的多普勒频率 f_d 为:

$$f_d = \frac{2v}{\lambda_0}$$

此式给出了多普勒频率与弹丸飞行速度的关系。当雷达的发送频率已知时,若能测得 f_d,即可求出弹丸的飞行速度:

$$v = \frac{\lambda_0 f_d}{2} = \frac{c f_d}{2 f_0} \tag{6.8}$$

式中,c 为当地电磁波的传播速度,可以通过雷达接收机测得。这种基于多普勒效应测量弹丸飞行速度的专用雷达称为多普勒测速雷达。

3. 光纤陀螺测量角速率

陀螺仪是一种重要的对惯性空间角运动敏感的惯性敏感器装置,用于测量运载体的姿态、角和角速度,是构成惯性制导、惯性导航、惯性测量和惯性稳定系统的基础核心器件。光导纤维作为传感器,主要是根据被测对象的特点,利用光的属性(吸收、反射、折射、干涉等)设计和提供各种形式的探头,并对光电转换信号进行测量和处理。

光纤陀螺作为一种新型陀螺仪,其工作原理是基于萨格奈克(Sagnac)效应。萨格奈克效应是指光沿着相对惯性空间旋转的闭合光路传播的一般相对性效应。

由宽频带光源提供的光被分成两束,分别沿两个相反方向在光纤线圈中传播,当两束光在入射点处汇合时将发生光的干涉效应。当线圈静止时,正反方向传播的两束光的光程差相同,不存在相位差,干涉条纹的光强将不变化。但是当光纤线圈绕垂直于自身的轴旋转时,与旋转方向相同的光路光程要比逆旋转方向传播的光束走过的光程大一些,由此引起的相位差将导致干涉条纹的光强发生变化。相位差的大小与线圈的旋转速率成正比,并且相位差与干涉条纹的光强之间存在确定的函数关系,通过用光电探测器对干涉光光强进行检测,可以实现线圈旋转速率的测量。

如图 6.14 所示,设直径为 D 的单匝光纤线圈绕垂直于自身的轴以角速度 Ω 顺时针方向旋转时,从环形光路的 P 点分别沿顺时针(CW)、逆时针(CCW)发射两路光波。当 $\Omega = 0$ 时,P' 点和 P 点重合,两束光绕环形光路一周的穿越时间相同;当 $\Omega \neq 0$ 时,入射点 P' 和 P 在空间的位置将不再重合,顺时针光束绕环形光路的穿越时间 T_{CW} 为:

$$T_{CW} = \frac{\pi D}{V_{CW}} = \frac{\pi D}{V_f - \dfrac{\Omega D}{2}} = \frac{\pi D}{\dfrac{c}{n} - \dfrac{\Omega D}{2}}$$

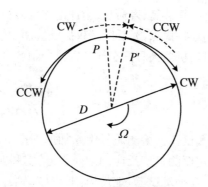

图 6.14　光纤陀螺测量角速率

其中,$V_{CW} = V_f - \Omega D/2$ 是顺时针光束的速度,V_f 为光在光纤线圈中的传播速度,c 为真空中的光速,n 为光纤材料的折射率。同样逆时针光束绕环形光路的穿越时间 T_{CCW} 为:

$$T_{CCW} = \frac{\pi D}{V_{CCW}}$$

$$= \frac{\pi D}{V_f + \dfrac{\Omega D}{2}}$$

$$= \frac{\pi D}{\dfrac{c}{n} + \dfrac{\Omega D}{2}}$$

两反向旋转的光束绕光纤线圈一周的穿越时间差 ΔT 为：

$$\Delta T = T_{CW} - T_{CCW} = \frac{\pi \Omega D^2}{V_f + \frac{\Omega D}{2}} = \frac{\pi \Omega D^2}{\left(\frac{c}{n}\right)^2 - \frac{\Omega^2 D^2}{4}}$$

一般 $\frac{\Omega^2 D^2}{4} \ll \left(\frac{c}{n}\right)^2$，因此 $\Delta T = \frac{\pi n^2 D^2}{C^2}\Omega$。

假设一个光纤陀螺具有 N 匝光纤线圈，光学路径长度 $L = \pi ND$。与穿越时间差对应的两光束相移 φ_s 为：

$$\varphi_s = N\omega\Delta T = N\frac{2\pi}{T}\Delta T = 2\pi N v \Delta T$$

$$= 2\pi N \frac{C}{\lambda} \frac{\pi n^2 D^2}{C^2}\Omega = \frac{2\pi n^2 LD}{C\lambda}\Omega = K_s\Omega \tag{6.9}$$

其中 φ_s 称为萨格奈克相移，ω、v 分别为光波的角频率和频率，λ 为光波在真空中的波长，K_s 为光纤陀螺的萨格奈克刻度系数。可以看出，提高此种光纤陀螺仪输出灵敏度的途径在于加大 D 和增加光纤线圈的匝数 N。

光纤陀螺仪诞生于1976年，发展至今已成为当今的主流陀螺仪表。由于其轻便的固态结构，使其具有可靠性高、寿命长、耐冲击和振动、动态范围宽、带宽大、瞬时启动、功耗低等一系列独特优点，光纤陀螺仪广泛应用于航空、航天、航海和兵器等军事领域以及钻井测量、机器人和汽车导航等民用领域。

6.2.3　加速度检测

加速度检测是基于测试仪器检测质量敏感加速度产生惯性力的测量，是一种全自主的惯性测量。加速度测量广泛应用于航天、航空和航海的惯性导航系统及运载武器的制导系统中，在振动试验、地震监测、爆破工程、地基测量，地矿勘测等领域也有广泛的应用。

加速度的计量单位为 m/s^2（米/秒平方），在工程应用中常用重力加速度 $g = 9.81\ m/s^2$ 作计量单位。加速度测量，目前主要是通过加速度传感器（俗称加速度计），并配以适当的测量电路进行的。依据对加速度计内检测质量所产生的惯性力的检测方式来分，加速度计可分为压电式、压阻式、应变式、电容式、振梁式、磁电感应式、隧道电流式、热电式等；按检测质量的支承方式来分，则可分为悬臂梁式、摆式、折叠梁式、简支承梁式等。

1. 伺服式加速度测量

伺服式加速度测量是一种按力平衡反馈原理构成的闭环测试系统。图6.15中，(a)是其工作原理图，(b)是其原理框图。它由检测质量 m、弹簧 k、阻尼器 c、位置传感器 S_d、伺服放大器 S_s、力发生器 S_F 和标准电阻 R_L 等主要部分组成。当壳体固定在载体上感受被测加速度$\dfrac{\mathrm{d}^2 z}{\mathrm{d}t^2}$后,检测质量 m 相对壳体作位移 z,此位移由位置传感器检测并转换成电压,经伺服放大器放大成电流,供给力发生器产生电恢复力,使检测质量返回到初始平衡位置。系统的运动方程为:

$$m\,\frac{\mathrm{d}^2 z}{\mathrm{d}t^2} + C\,\frac{\mathrm{d}z}{\mathrm{d}t} + kz = -S_F i - m\,\frac{\mathrm{d}^2 x}{\mathrm{d}t^2} \tag{6.10}$$

式中,S_F 为力发生器灵敏度(N/A),对于常用的由永久磁铁和动圈组成的磁电式力发生器,$S_F = B_L$,B 为磁路气隙的磁感应强度(T),L 为动圈导线的有效长度(m),电流为:

$$i = S_d S_s z \tag{6.11}$$

式中,S_d 为位置传感器的灵敏度(V/m),S_s 为伺服放大器的灵敏度(A/V)。

将式(6.10)代入式(6.11)得关系式:

$$\frac{\mathrm{d}^2 z}{\mathrm{d}t^2} + 2\zeta\omega_n\,\frac{\mathrm{d}z}{\mathrm{d}t} + \omega_n^2 z = -\frac{\mathrm{d}^2 x}{\mathrm{d}t^2} \tag{6.12}$$

式中,$\omega_n^2 = \dfrac{S_d S_s S_E}{m} + \dfrac{k}{m}$ 为系统无阻尼固有圆频率,$\zeta = \dfrac{C}{\sqrt{2\dfrac{S_d S_s S_F}{m} + \dfrac{k}{m}}}$ 为系统阻尼比。

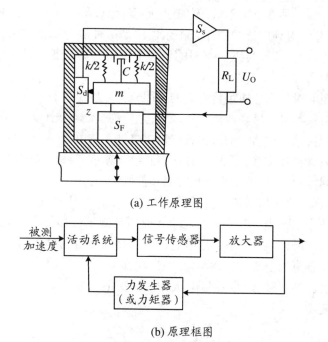

(a) 工作原理图

(b) 原理框图

图 6.15　伺服加速度计

伺服式加速度计的 ω_n 和 ζ 不仅与机械弹簧刚度和阻尼器阻尼系数有关,还与反馈引起的电刚度 $S_d S_s S_F$ 有关。因此便可通过选择和调节电路的结构和参数来进行调节,具有很大的灵活性。当系统处于加速度计工作状态时, $z = -\dfrac{1}{\omega_n^2}\dfrac{\mathrm{d}^2 x}{\mathrm{d} t^2}$。因此,电压灵敏度 S_a 为:

$$S_a = \frac{U_0}{\dfrac{\mathrm{d}^2 x}{\mathrm{d} t^2}} = \frac{-mR_L}{S_F}\frac{1}{1 + \dfrac{k}{(S_d S_s S_F)}} \tag{6.13}$$

如选用刚度小的弹簧,使之满足 $S_d S_s S_F \gg k$,则

$$S_a = \frac{-mR_L}{BL} \tag{6.14}$$

即 S_a 仅取决于 m、R_L、B 和 L 等结构参数,而与位置传感器、伺服放大器、弹簧等特性无关。若能采取措施使这些参数稳定和不受温度等外界环境的影响,便可达到很好的性能。

伺服加速度测量由于有反馈作用,增强了抗干扰能力,提高了测量精度,扩大了测量范围。伺服加速度测量广泛应用于惯性导航和惯性制导系统中,在高精度的振动测量和标定中也有应用。

2. 霍尔加速度传感器

霍尔元件是一种基于霍尔效应的磁传感器,已发展成为一个品种多样的磁传感器产品族,并已得到广泛的应用。霍尔器件是一种磁传感器。用它们可以检测磁场及其变化,可在各种与磁场有关的场合中使用。霍尔器件以霍尔效应为其工作基础。

按被检测的对象的性质可将它们的应用分为直接应用和间接应用。前者是直接检测被测对象本身的磁场或磁特性,后者是检测被测对象上人为设置的磁场,用这个磁场作为被检测的信息的载体,通过它,将许多非电、非磁的物理量例如力、力矩、压力、应力、位置、位移、速度、加速度、角度、角速度、转数、转速以及工作状态发生变化的时间等,转换成电量来进行检测和控制。

图 6.16 所示为霍尔加速度传感器,在盒体的 O 点上固定均质弹簧片 S,片 S 的中部 U 处装一惯性块 M,片 S 的末端 b 处固定测量位移的霍尔元件 H,H 的上下方装上一对永磁体,它们同极性相对安装。盒体固定在被测对象上,当它们与被测对象一起作垂直向上的加速运动时,惯性块在惯性力的作用下使霍尔元件 H 产生一个相对盒体的位移,产生霍尔电压 U_H 的变化。可从 U_H 与加速度的关系曲线上求得加速度。

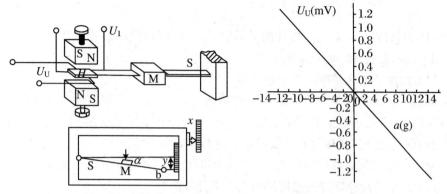

图 6.16　霍尔加速度传感器的结构原理和静态特性曲线

3. 应变式加速度传感器

应变式加速度计是以应变片为机——电转换元件的加速度传感器。由敏感质量块感受加速度而产生与之成正比的惯性力，再通过弹性元件把惯性力转变成应变、应力，或通过压电元件把惯性力转变成电荷量，从而间接测出加速度。图 6.17 所示为应变式加速传感器，当质量块感受加速度而产生惯性力 F_a 时，在力 F_a 的作用下，悬臂梁发生弯曲变形，其应变为：

$$F_a = ma \tag{6.15}$$

$$\varepsilon = \frac{6l}{Ebh^2} F_a = \frac{6l}{Ebh^2} ma \tag{6.16}$$

其中，l、b、h 分别为梁的长度、根部的宽度和厚度；E 为材料的弹性模量，m 为质量，a 为被测加速度的值。

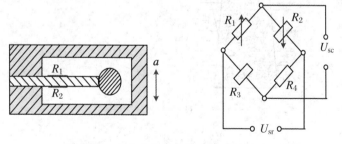

图 6.17　应变式加速度传感器测量原理图

等强度弹性悬臂梁固定安装在传感器的基座上，梁的自由端固定一质量块 m，在梁的根部附近两面上各贴一个（两个）性能相同的应变片，应变片接成对称差动电桥。粘贴在梁两面上的应变片分别感受正（拉）应变和负（压）应变而电阻增加和减小，电桥失去平衡而输出与加速度成正比的电压 U_{sc}，即

$$U_{sc} = \frac{1}{2}U_{sr} \cdot \frac{\Delta R}{R} = \frac{3lU_{sr}k}{Ebh^2}ma = Ka \tag{6.17}$$

式中，U 为供桥电压，k 为应变片的灵敏度，K 为传感器的灵敏度。

4. 加速度传感器的应用

(1) 加速度传感器在汽车中的应用

加速度传感器安装在轿车上，可以作为碰撞传感器。当测得的负加速度值超过设定值时，微处理器据此判断发生了碰撞，于是就启动轿车前部的折叠式安全气囊迅速充气而膨胀，托住驾驶员及前排乘员的胸部和头部。

使用加速度传感器可以在汽车发生碰撞时经控制系统使气囊迅速充气。

(2) 压电式加速度传感器探测桥墩水下部位裂纹

图 6.18 所示为用压电式加速度传感器探测桥墩水下部位裂纹的示意图。通过放电炮的方式使水箱振动(激振器)，桥墩将承受垂直方向的激励，用压电式加速度传感器测量桥墩的响应，将信号经电荷放大器进行放大后送入数据记录仪，再将记录下的信号输入频谱分析设备，经频谱分析后就可判定桥墩有无缺陷。

图 6.18(a)所示为探测示意图。没有缺陷的桥墩为一坚固整体，加速度响应曲线为单峰，如图 6.18(b)所示。若桥墩有缺陷，其力学系统变得更为复杂，激励后的加速度响应曲线将显示出双峰或多峰，如图 6.18(c)所示。

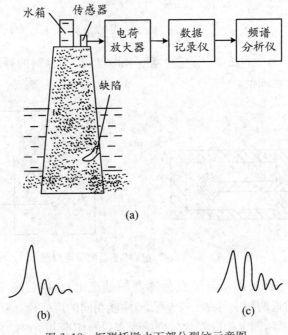

图 6.18　探测桥墩水下部分裂纹示意图

6.3 振动的检测

6.3.1 概述

振动是指物体或物体的一部分沿直线或曲线在平衡位置附近所作的周期性的往复运动。在环境问题中,振动测量一般包括两类:一是对引起噪声辐射的物体的振动进行测量;二是对环境振动特性的测量。

振动是工程技术和日常生活中常见的物理现象,在大多数情况下,振动是有害的,它对仪器设备的精度、寿命和可靠性都会产生不利影响。当然,振动也可以被利用,如输送、清洗、磨削、监测等。无论是利用振动还是防止振动,都必须确定其量值。

振动信号可按如下方式分类:

振动信号按时间历程的分类如图6.19所示,即将振动分为确定性振动和随机振动两大类。确定性振动可分为周期性振动和非周期性振动。周期性振动包括简谐振动和复杂周期振动。非周期性振动包括准周期振动和瞬态振动。

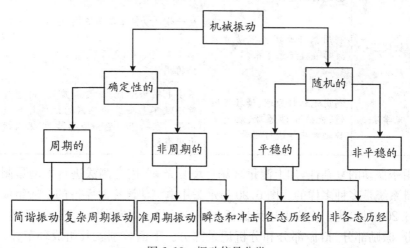

图6.19 振动信号分类

随机振动是一种非确定性振动,它只服从一定的统计规律性。可分为平稳随机振动和非平稳随机振动。平稳随机振动又包括各态历经的平稳随机振动和非各态历经的平稳随机振动。

　　一般来说,仪器设备的振动信号中既包含有确定性的振动,又包含有随机振动,但对于一个线性振动系统来说,振动信号可用谱分析技术化作许多谐振动的叠加。因此简谐振动是最基本也是最简单的振动。

　　振动测试大致可分为如下两类:① 测量设备和结构所存在的振动;② 对设备或结构施加某种激励,使其产生振动,然后测量其振动,其目的是研究设备或结构的力学动态特性。对振动进行测量,有时只需测出被测对象某些点的位移或速度、加速度和振动频率;有时则需要对所测的信号作进一步的分析和处理,如谱分析、相关分析等,进而确定对象的固有频率、阻尼比、刚度、振型等振动参数,求出被测对象的频率响应特性,或寻找振源,并为采取有效对策提供依据。

6.3.2　电测法振动测量系统

　　振动测量方法按振动信号转换的方式可分为电测法、机械法和光学法。目前广泛应用的是电测法。各振动测量方法原理和优缺点见表6.3。

表 6.3　振动测量方法原理和优缺点

名　称	原　理	优缺点及应用
电测法	将被测对象的振动量转换成电量,然后用电量测试仪器进行测量	灵敏度高,频率范围及动态、线性范围宽,便于分析和遥测,但易受电磁场干扰。是目前最广泛采用的方法
机械法	利用杠杆原理将振动量放大后直接记录下来	抗干扰能力强,频率范围及动态、线性范围窄,测试时会给工件加上一定的负荷,影响测试结果,用于低频大振幅振动及扭振的测量
光学法	利用光杠杆原理、读数显微镜、光波干涉原理、激光多普勒效应等进行测量	不受电磁场干扰,测量精度高,适于对质量小及不易安装传感器的试件作非接触测量。在精密测量和传感器、测振仪标定中用得较多

　　由于振动的复杂性,加上测量现场环境复杂,在用电测法进行振动量测量时,其测量系统是多种多样的。图 6.20 所示为用电测法测振时系统的一般组成框图。由图 6.20 可见,为了完成上述测试任务,一般测试系统结构应该包括下述三个主要部分:激励部分、拾振部分和分析记录部分。下面分别就其组成环节作一简单介绍。

1. 测振传感器

　　拾振部分是振动测量仪器的最基本部分,它的性能往往决定了整个仪器或系统的性能。检测并放大被测系统的输入、输出信号,并将信号转换成一定的形式

（通常为电信号）。它主要由传感器、可调放大器组成。

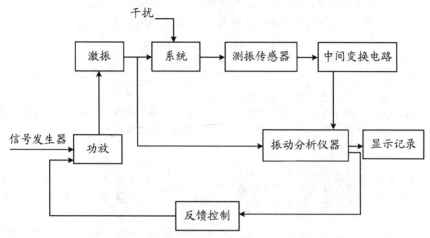

图 6.20 电测法测振时系统的一般组成框图

(1) 测振传感器的类型

按测振时拾振器是否与被测件接触可将拾振器分为：接触式和非接触式。按所测的振动性质可将拾振器分为：绝对式和相对式两种，其特点见图 6.21。

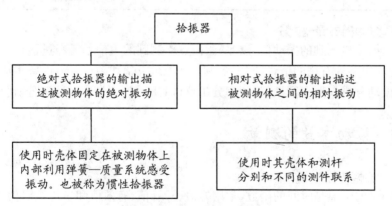

图 6.21 测振传感器的类型

(2) 选择测振传感器的原则

选择测振传感器类型时，主要需考虑被测量的参数（位移、速度或加速度）、测量的频率范围、量程及分辨率、使用环境和相移等问题，并结合各类测振传感器的性能特点综合进行选择。

2．激振器

实现对被测系统的激励（输入），使系统发生振动。它主要由激励信号源、功率放大器和激振装置组成。激振器是对试件施加某种预定要求的激振力,使试件受到可控的、按预定要求振动的装置。为了减少激振器质量对被测系统的影响,应尽量使激振器体积小、重量轻。表6.4列举了部分常用的激振器。

表6.4 部分常用的激振设备

名 称	工作原理	适用范围及优缺点
永磁式电动激振器	装置于永磁体磁场中的驱动线圈与支承部件固联,线圈通电产生电动力驱动固联于支承部件的试件产生周期性正弦波振动	频率范围宽,振动波形好,操作调节方便
励磁式电动振动台	利用直流励磁线圈来形成磁场,将置于磁场气隙中的线圈与振动台体相连,线圈通电产生电动力使振动台体机械振动	频率范围宽、激振力大、振动波形好,设备结构较复杂
电磁式激振器	交变电流通至电磁铁的激振线圈,产生周期性的交变吸力,作为激振力	用于非接触激振,频率范围宽、设备简单,振动波形差,激振力难控制
电液式激振器	用小型电动式激振器带动液压伺服油阀以控制油缸,油缸驱动台面产生周期性正弦波振动	激振力大,频率较低,台面负载大,易于自控和多台激振,设备复杂

3. 分析记录部分

从拾振器检测到的振动信号和从激振点检测到的力信号需经过适当的分析处理,以提取出各种有用的信息,它主要由各种记录设备和频谱分析设备组成。目前常见的振动分析仪器有测振仪、频率分析仪、FFT分析仪和虚拟频谱分析仪等。

6.3.3 振动参量的测量

1. 振幅的测量

振动量的幅值是时间的函数,常用峰值、峰峰值、有效值和平均绝对值来表示。峰值是从振动波形的基线位置到波峰的距离,峰峰值是正峰值到负峰值之间的距离。在考虑时间过程时常用有效(均方根)值和平均绝对值表示。有效值和平均绝对值分别定义为:

$$Z_{有效} = Z_{rms} = \sqrt{\frac{1}{T}\int_0^T z^2(t)\mathrm{d}t} \tag{6.18}$$

$$Z_{平均} = Z = \frac{1}{T}\int_0^T |z(t)|\,\mathrm{d}t \tag{6.19}$$

对于谐振动而言,峰值、有效值和平均绝对值之间的关系为:

$$Z_{\text{rms}} = \frac{\pi}{2\sqrt{2}}Z = \frac{1}{\sqrt{2}}Z_{\text{f}} \tag{6.20}$$

式中,Z_{f} 为振动峰值。

2. 谐振动频率的测量

谐振动的频率是单一频率,测量方法分直接法和比较法两种。直接法是将拾振器的输出信号送到各种频率计或频谱分析仪直接读出被测谐振动的频率。在缺少直接测量频率仪器时,可用示波器通过比较测得频率。

比较法有录波比较法和李沙育图形法。录波比较法是将被测振动信号和时标信号一起送入示波器或记录仪中同时显示,根据它们在波形图上的周期或频率比,算出振动信号的周期或频率。李沙育图形法则是将被测信号和由信号发生器发出的标准频率正弦波信号分别送到双轴示波器的 y 轴及 x 轴,根据荧光屏上呈现出的李沙育图形来判断被测信号的频率。

3. 相位角的测量

相位差角只有在频率相同的振动之间才有意义。测定同频两个振动之间的相位差也常用直读法和比较法。

直读法是利用各种相位计直接测定。比较法常用录波比较法和李沙育图形法两种。录波比较法利用记录在同一坐标纸上的被测信号与参考信号之间的时间差 τ 求出相位差;李沙育图测相位法则是根据被测信号与同频的标准信号之间的李沙育图形来判别相位差,其相位差的计算如下:

$$\varphi = \frac{\tau}{T} \times 360^{\circ} \tag{6.21}$$

式中,T 为被测信号的周期,τ 为被测信号与标准信号对应波峰的间距。

6.3.4　基于振动测试的故障诊断技术

1. 故障诊断

机械振动是工程中普遍存在的现象,机械设备的零部件、整机都有不同程度的振动。机械设备的振动往往会影响其工作精度,加剧机器的磨损,加速疲劳损坏;而随着磨损的增加和疲劳的产生,机械设备的振动将更加剧烈,如此恶性循环,直至设备发生故障、损坏。由此可见,振动加剧往往是伴随着机器部件工作状态不正常乃至失效而发生的一种物理现象。

据统计,有 60% 以上的机械故障都会产生相对应的振动。因此,不用停机和解体,通过对机械振动信号的测量和分析,就可对机器设备的劣化程度和故障性质有所了解。另外,振动检测的理论和方法比较成熟,且简单易行。所以在机械设备的状态监测和故障诊断技术中,振动检测技术是一种被普遍采用的基本方法。

　　机械运转中的振动及其产生的噪声,一般都具有相同的频率。虽然两者传输方式以及各自的频率成分之间的强度比例都不一样,但它们的频谱都在某种程度上反映了机器运行状况,均可作为监测工况、评价运转质量时的测试参数。下面简要介绍振动信号在齿轮故障振动诊断方面的应用。

　　所谓故障诊断,就是对正在运行的机械设备进行振动测量,对得到的各种数据进行分析处理,将结果与事先制定的某种标准进行比较,进而判断系统内部结构的破坏、裂纹、开焊、磨损及老化等各种影响系统正常运行的故障,并采取相应的对策来消除故障,保证系统安全运行。

　　故障诊断具有以下两个特点:

　　① 应用了许多现代化的监测仪器和分析诊断系统。电子技术、计算机技术、信号分析技术从硬件到软件发展达到新的技术水平,现在可供使用的仪器和监测系统,从便携式仪器到成套设备,到人工智能的专家系统均已出现。

　　② 动态诊断:设备故障诊断就是在设备运行中或基本不拆卸设备的情况下,监测设备运行的状态,预测故障的部位和原因以及其对设备未来运行的影响,从而找出对策的一门技术。

　　机器发生故障时,在敏感点的振动参数的峰值、有效值往往有明显的变化,或者出现新的振动分量。因此对机器进行故障诊断时,通常是在故障敏感点进行振动测量。将传感器安装在测振点上,通过传感器将机械振动转换为电信号,若传感器的输出阻抗很大(压电式加速度计),则在传感器之后接一前置放大器,起阻抗变换及信号放大作用;然后将信号输入测振放大器(功率放大器),将信号进一步放大,并将信号进行微分或积分变换,得到所需的具有一定功率的信号(位移、速度和加速度信号)。接着将此信号输入信号分析仪进行信号处理。可得到所需各种信息;最后对信号分析结果进行记录、显示和打印,如图 6.22 所示。

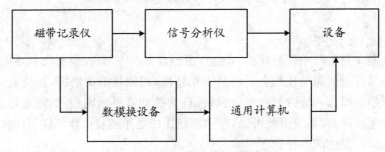

图 6.22　振动信号分析系统框图

2. 振动信号的频谱分析

　　在振动测量中,由测振传感器接收的信号通常是复杂的时间函数。利用信号处理技术,通过傅里叶变换,将时域信号转换成频域信号加以分析的方法就称为频谱分析。频谱分析技术包括幅值谱分析、自功率谱密度函数分析、互功率谱密度函数分析、相干函数分析、倒频谱分析等。振动信号经过频谱分析,可以求得信号的频率成分和结构,并进而分析系统的传递特性;通过频谱分析,还可以对被测对象进行振动监测和故障诊断。

具体检测步骤如下:

① 将装有微型加速度计的测头接触传送带上运送的电动机;

② 检测电动机的振动信号,经放大器后输入 FFT 分析仪;

③ 将检测得的振动频谱与预先在分析仪中设定的判别谱进行比较;

④ 进行合格与否判断,输出判断信号。

3. 齿轮的诊断

齿轮传动在机器中使用得非常广泛,其运行状况直接影响整个机器或机组的工作。因此展开齿轮故障诊断对降低维修费用和防止突发事故具有实际意义。

齿轮常见的故障有四类:

① 齿断裂,有疲劳断裂和过载断裂两种;

② 齿面磨损;

③ 齿面点蚀;

④ 齿面塑性变形,如压碎、起皱等。

在生产条件下,很难直接检测某一个齿轮的故障信号,一般是在轴承、箱体等有关部位测量,所测得的信号是轮系的信号,再从齿轮的信号中分离出故障信息。在齿轮箱故障诊断中,振动检测是目前的主要方法。当齿轮旋转时,无论齿轮是否发生异常,齿的啮合都会产生冲击振动,其振动波形表现出振幅受到调制的特点,甚至既调幅又调频。

(1) 啮合频率

当齿轮的运行状态劣化之后,对应于啮合频率及其谐波的振动幅值会明显增加,这为齿轮的故障诊断提供了有力的依据。

(2) 齿轮振动信号的调制

齿轮振动信号的调制中包含了许多故障信息。从频域上看,调制的结果是在齿轮啮合频率及其谐波周围产生以故障齿轮的旋转频率为间隔的边频带,且其振幅随故障的恶化而加大。

(3) 齿轮的振动测量

齿轮所发生的低频和高频振动中,包含了诊断各种异常振动非常有用的信息。

(4) 齿轮的简易诊断方法

齿轮的简易诊断,主要是通过振动与噪声分析法进行的,包括声音诊断法、振动诊断法及冲击脉冲法等。

(6) 齿轮的精密诊断方法

　　由于齿轮动态特性及故障特性的复杂性,齿轮的故障诊断通常需要进行较为细致的信号分析与处理,通过前后对比得出诊断结论。

6.4　温度检测技术

6.4.1　概述

　　温度是热工参数中最重要的量值。几乎没有不要求温度检测的生产过程,温度测量是否准确,直接影响产品质量。温度是基本物理量之一,它是工农业生产、科学试验中需要经常测量和控制的主要参数,温度与人们日常生活紧密相关。

1. 温度与标定

　　温度是表示物体冷热程度的物理量。从热平衡的观点来看,温度是物体内部分子无规则热运动剧烈程度的标志,温度高的物体,其内部分子平均动能大;温度低的物体,其内部分子的平均动能小。

　　为了保证温度量值的准确和利于传递,需要建立一个衡量温度的统一标准尺度,即温标。随着人们认识的深入,温标在不断地发展和完善。

(1) 经验温标

　　借助于某一种物质的物理量与温度变化的关系,用实验方法或经验公式所确定的温标,称为经验温标,有华氏、摄氏、兰氏、列氏温标等。

　　华氏温标:它规定水的沸腾温度为 212 度,氯化铵和冰的混合物为 0 度,这两个固定点中间等分为 212 份,每一份为 1 度,记为℉。

　　摄氏温标:它把冰点定为 0 度,把水的沸点定位 100 度,将两个固定点之间的距离等分为 100 份,每一份为 1 度,记为℃。

　　经验温标的缺点在于其局限性和随意性。例如,若选用水银温度计作为温标规定的温度计,那么别的物质(例如酒精)就不能用了,而且使用温度范围也不能超过上下限(如 0℃、100℃),超过了就不能标定温度了。

(2) 热力学温标

　　由开尔文(Kelvin)在 1848 年提出的,以卡诺循环(Carnot Cycle)为基础。热力学温标是国际单位制中七个基本物理单位之一。热力学温标为了在分度上和摄氏温标相一致,把理想气体压力为零时对应的温度——绝对零度与水的三相点温度分为 273.16 份,每份为 1 K(Kelvin)。

（3）国际温标

实现国际温标需要三个条件：即要有定义温度的固定点，一般是利用水、纯金属及液态气体的状态变化；要有复现温度的标准器，通常用的是标准铂电阻、标准铂铑热电偶及标准光学高温计；要有定义点之间计算温度的内插方程式。

1927 年采用第一个国际温标（ITS—27），1933 年、1948 年及 1960 年三次国际度量衡大会修改。新中国成立后我国采用的是 IPTS—48。1968 年国际度量衡大会，对 IPTS—48 作了重大的修改和补充，改名为 IPTS—68。我国从 1973 年元月开始正式采用 IPTS—68，凡是涉及温度量值的一律以 IPTS—68 为准。ITS—90 的热力学温度仍记作 T，为了区别于以前的温标，用 T_{90} 代表新温标的热力学温度，其单位仍是 K。与此并用的摄氏温度记为 t_{90}，单位是℃。T_{90} 与 t_{90} 的关系仍是：

$$t_{90} = T_{90} - 273.15 \qquad (6.22)$$

2．测温方法分类

根据传感器的测温方式不同，温度基本测量方法通常可分成接触式和非接触式两大类。下面简要介绍这两类测温方法。

接触式测温方法：测温元件与被测对象接触，依靠传热和对流进行热交换。接触式温度测量测温精度相对较高，直观可靠及测温仪表价格相对较低；由于感温元件与被测介质直接接触，从而要影响被测介质热平衡状态，而接触不良则会增加测温误差；被测介质具有腐蚀性及温度太高亦将严重影响感温元件性能和寿命等缺点。

非接触式测温方法：测温元件不与被测对象接触，而是通过热辐射进行热交换，或测温元件接收被测对象的部分热辐射能，由热辐射能大小推出被测对象的温度。该测温方法不改变被测物体的温度分布，热惯性小，测温上限可设计得很高，便于测量运动物体的温度和快速变化的温度。但非接触式测温方法容易受到外界因素的干扰，测量误差较大，且结构复杂，价格比较昂贵。

6.4.2　热电偶温度计

热电偶是工业和武器装备试验中测量温度应用最多的器件，它的特点是测温范围宽、测量精度高、性能稳定、结构简单，且动态响应较好；输出直接为电信号，可以远传，便于集中检测和自动控制。

1．热电偶的测温原理

热电偶的测温原理基于热电效应。由于这种热电效应现象是 1821 年由塞贝克（Seebeck）首先发现提出，故又称塞贝克效应。将两种不同的导体 A 和 B 连成闭合回路，当两个接点处的温度不同时，回路中将产生热电势，在回路中会产生热电动势而形成电流,这一现象称为热电效应。这样的两种不同导体的组合称为热电偶,相应的电动势和电流称为热电动势和热电流,导体 A、B 称为热电极。

热电偶闭合回路中产生的热电势由两种电势组成:温差电势和接触电势。温差电势是指同一热电极两端因温度不同而产生的电势。热电偶接触电势是指两热电极由于材料不同而具有不同的自由电子密度,而热电极接点接触面处就产生自由电子的扩散现象,当达到动态平衡时,在热电极接点处便产生一个稳定电势差。

2. 热电偶的使用

热电偶工作时,必须保持冷端温度恒定,并且热电偶的分度表是以冷端温度为 0℃ 做出的。因而在工程测量中冷端距离热源近,且暴露于空气中,易受被测对象温度和环境温度波动的影响,使冷端温度难以恒定而产生测量误差。为了消除这种误差,可采取下列温度补偿或修正措施。

(1) 补偿导线法

采用补偿导线将热电偶延伸到温度恒定或温度波动较小处。为了节约贵重金属,热电偶电极不能做得很长,但在 0～100℃ 范围内,可以用与热电偶电极有相同热电特性的廉价金属制作成补偿导线来延伸热电偶。在使用补偿导线时,必须根据热电偶型号选配补偿导线;补偿导线与热电偶两接点处温度必须相同,极性不能接反,不能超出规定使用温度范围;在需高精度测温的场合,处理测量结果时应加上补偿导线的修正值,以保证测量精度。

(2) 电桥补偿法

补偿电桥法就是在热电偶的测量线路中附加一个电势,该电势一般是由补偿电桥自动提供的。当工作端温度不变时,如果冷端温度在一定范围内变化,总的热电势值将不受影响。保证温度仪表示值等于被测值。在热电偶与仪表之间接入一个直流电桥(常称为冷端补偿器),四个桥臂由 R_1、R_2、R_3(均由电阻温度系数很小的锰铜丝绕制)及 R_t(由电阻温度系数较大的铜丝绕制)组成,阻值都是 1 Ω。由图 6.23 可知电路的输出电压为 $U_o = E(T, T_0) + U_c$,R_t 和参考端感受相同的温度,当环境温度发生变化时,

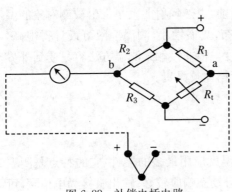

图 6.23　补偿电桥电路

引起 R_t 值的变化,使电桥产生的不平衡电压 U_c 的大小和极性随着环境温度而变化,达到自动补偿的目的。

3．热电偶的测温电路

利用热电偶测量大型设备的平均温度时,可将热电偶串联或并联使用。

串联:串联时热电动势大,精度高,可测较小的温度信号或者配用灵敏度较低的仪表。其缺点是只要一支热电偶发生断路则整个电路不能工作,而个别热电偶的短路将会导致示值偏低。

并联:并联时总电动势为各个热电偶热电动势的平均值,可以不必更改仪表的分度。其缺点是若有一支热电偶断路,仪表却反映不出来。

6.4.3　热电阻温度计

基于热电阻原理测温是根据金属导体或半导体的电阻值随温度变化的性质,将电阻值的变化转换为电信号,从而达到测温的目的。常用温度系数 α 和电阻比来表征热电阻的电阻温度特性,α 越大,灵敏度越高。

$$\alpha = \frac{1}{R_{t_0}} \cdot \frac{\mathrm{d}R_t}{\mathrm{d}t}\bigg|_{t_0} \tag{6.23}$$

电阻温度系数 d 越大,热电阻灵敏度越高,测定温度时就越容易得到准确结果。

实验证明,纯金属的电阻温度特性最好,纯度越高测温灵敏度越高。半导体热电阻又称热敏电阻,其特点是随着温度升高阻值会减小。具有温度系数高、测温灵敏、电阻率高、体积小的优点。两类热电阻互换性差,复现性差,阻值与温度的关系不稳定。热电阻温度计适用于测量 $-200 \sim +500\,^{\circ}\mathrm{C}$ 液体、气体、固体表面、蒸汽等的温度,可远传、自动记录、多点测量、输出大、精度高。

1．金属热电阻

用金属材料(如镍、铋、铂)制成的热电阻。纯金属具有正的温度系数,可以作为测温元件。作为测温用的热电阻应具有下列要求:电阻温度系数大,有得较高的灵敏度;电阻率高,元件尺寸可以小;电阻值随温度变化尽量是线性关系;在测温范围内,物理、化学性能稳定;材料质纯、加工方便和价格便宜等。铂、铜、铁和镍是常用的热电阻材料,其中铂和铜最常用。

2．半导体电阻

半导体热电阻又称热敏电阻,其特点是随温度升高阻值减小。半导体热敏电阻是由不同氧化物混合烧结而成的,常用的有 $CuO + MnO$,$MgO + TiO_2$,$CuO + TiO_2$,$MnO + Mn_2O_3 + CrO_3$ 等混合物。热敏电阻的电阻—温度关系为

$$R(T) = R(T_0)\mathrm{e}^{B\left(\frac{1}{T} - \frac{1}{T_0}\right)}$$

(1) 半导体电阻的特点

热敏电阻的优点:灵敏度高,其灵敏度比热电阻要大 $1 \sim 2$ 个数量级;能很好地

与各种电路匹配,而且远距离测量时几乎无需考虑连线电阻的影响;体积小;热惯性小,响应速度快,适用于快速变化的测量场合;结构简单坚固,能承受较大的冲击、振动。

热敏电阻的主要缺点:阻值与温度的关系非线性严重;元件的一致性差,互换性差;元件易老化,稳定性较差;除特殊高温热敏电阻外,绝大多数热敏电阻仅适合$0\sim150℃$范围,使用时必须注意。

(2) 半导体电阻的基本应用电路

图 6.24 所示的是采用热敏电阻 R_T 和对数二极管 V_D 串联构成的温度计。它利用对数二极管 V_D 把热敏电阻 R_T 的阻值变化(电流变化)变换为等间隔的信号,经运放 A 放大这一压缩信号,将其输出接到电压表,就可显示相应的温度,从而可构成线性刻度的温度计。

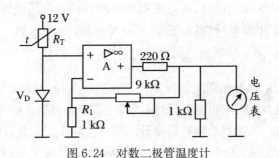

图 6.24　对数二极管温度计

用热敏电阻进行温度补偿的实用电路如图 6.25 所示,图中,晶体管 V_1 和 V_2 为互补对称连接,两个晶体管基极间为两个 PN 结串联,U_{BE} 具有 $-2.2\,mV/℃$ 的温度特性,仅靠 $2U_{BE}$ 的固定偏置电压解决不了温度变化的影响。若偏置电路采用热敏电阻(负温度系数)对温度变化进行补偿,可获得良好的特性。此外,偏置电路的温度补偿元件还可采用二极管、压敏电阻等非线性元件。

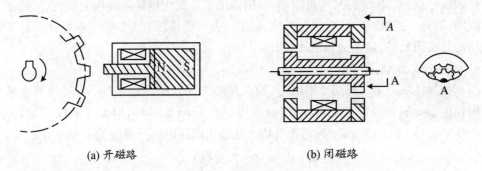

(a) 开磁路　　　　　　　　　　　　(b) 闭磁路

图 6.25　温度补偿电路

（3）热电阻温度变送器

热电阻温度变送器输入热电阻信号给输入回路。输入回路是一个不平衡电桥，热电阻即为桥路的一个桥臂。如果是金属热电阻，由于连接热电阻的导线存在电阻，且导线电阻值随环境温度的变化而变化，从而造成测量误差，因此实际测量时采用三线制接法。所谓三线制接法，就是从现场的金属热电阻两端引出三根材质、长短、粗细均相同的连接导线，其中两根导线被接入相邻两对抗桥臂中，另一根与测量桥路电源负极相连（图 6.26）。

由于流过两桥臂的电流相等，因此当环境温度变化时，两根连接导线因阻值变化而引起的压降变化相互抵消，不影响测量桥路输出电压的大小。

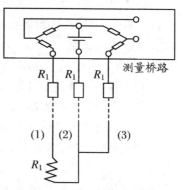

图 6.26　热电阻测量桥路

6.4.4　热辐射测温

当物体受热后将有一部分热能转变为辐射能，辐射能以电磁波的形式向四周辐射，物体的温度越高，向周围空间辐射的能量就越多。辐射能包括的波长范围极广，但我们研究的对象主要是能被物体吸收又被转换为热能的射线，其中最主要的是可见光和红外线，即波长为 $0.4\sim40\ \mu m$ 的射线，对应于这部分波长的能量称为热辐射能。辐射式温度计是利用受热物体的辐射能大小与温度间的关系，来确定被测物体的温度。

辐射式测温的优点是：①非接触式；②测温上限很高；③响应快；④输出信号大，灵敏度高。它的主要缺点是结构复杂，测量准确度不如接触式温度计。辐射式温度计包括全辐射高温计、光学高温计、光电高温计、比色高温计和红外辐射测温仪等，在此仅介绍红外辐射测温仪。

峰值在 $2\,000\ K$ 以下的辐射已不可见，是在红外光区域。对这种不可见的红外光，需要用红外敏感元件来检测。红外辐射测温仪即是一个红外探测器，可把红外辐射能量的变化转变成电量的变化。

1. 红外测温原理

全辐射测温是测量物体所辐射出来的全波段辐射能量来决定物体的温度。它是斯蒂芬—玻尔兹曼定律的应用，定律表达式为

$$W = \sigma \varepsilon T^4 \qquad (6.24)$$

式中，W 是物体单位面积所发射的辐射功率，数值上等于物体的全波辐射出射度；ε 为物体表面的法向比辐射率；σ 为斯蒂芬—玻尔兹曼常数；T 为物体的绝对温度（K）。式(6.24)表明，物体在整个波长范围内的辐射能量与温度的四次方成比例，是温度的单一函数。

2. 红外探测器的种类

红外探测器按其工作原理，可分为光电红外探测器和热敏红外探测器两类。

(1) 光电红外探测器

光电红外探测器的工作原理是基于物质中的电子吸收红外辐射而改变运动状态的光电效应。因此，光电探测器的响应时间一般要比热敏探测器的响应时间短得多，最短的可达 $ns(10^{-9}s)$ 数量级。此外，要使物质内部电子改变运动状态，入射光子的能量 hf 必须足够大，即它的频率 f 必须大于某一值。对波长来说，就是能引起光电效应的辐射有一个最长的波长限。常用的光电红外探测器有光电导型和光生伏特型两种。

光电导型探测器就是光敏电阻，当红外辐射照射在光敏电阻上时，使光敏电阻电导率增加，随着入射辐射功率的不同，电导率也不同，光电导型探测器的探测率比热敏型的要高，有的能高出 2～3 个数量级。光生伏特型探测器即光电池，当它被红外辐射照射后就有电压输出，电压大小与入射辐射功率有关。

(2) 热敏红外探测器

热敏红外探测器是利用红外辐射的热效应原理，即物体受红外辐射的照射而温度升高引起某些物理参数的改变。由于热敏元件的温升过程较慢，因此热敏探测器的响应时间较长，大都在 ms 数量级以上。另外，不管是什么波长的红外辐射，只要功率相同，对物体的加热效果也相同。因此热敏探测器对入射辐射的各种波长都具有相同的响应率。热敏探测器常用的有热敏电阻型、热电偶型、热释电型和气动型四种。

3. 红外成像测温仪

红外成像是将人眼不可见的红外光谱转变为可见的像，它是将被测目标的红外辐射转换成人眼能看到的二维温度图像（被测目标表面温度分布）或照片。红外成像分为主动式成像和被动式成像两类。主动式成像是用红外辐射源照射被测物体，利用物体反射的红外辐射摄取物体的像。被动式成像是利用物体自身发射的红外辐射摄取物体的像，成为热像，显示热像的仪器称为热像仪。

下面简要介绍三类红外成像仪，分别是红外变像管（图 6.27）、红外摄像管和固态图像变换器。

(1) 红外变像管

把物体红外图像变成可见图像的电真空器件，主要由光电阴极、电子光学系统和荧光屏三部分组成,均安装在高度真空的密封玻璃壳内,图 6.28 所示为红外夜视仪成像系统。

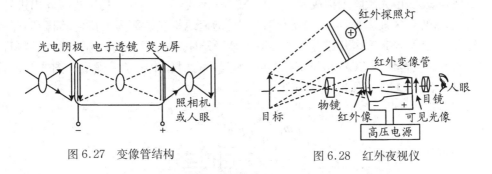

图 6.27　变像管结构　　　　　　　　　　图 6.28　红外夜视仪

(2) 红外摄像管

将物体的红外辐射转换成电信号,经过电子系统放大处理,再还原为光学像的成像装置,图 6.29 所示是电真空摄像管的结构简图。

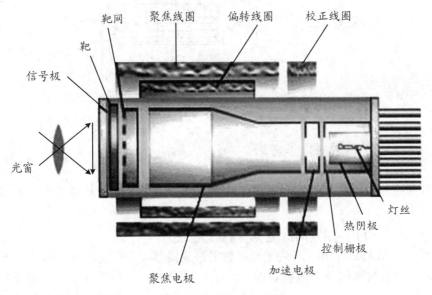

图 6.29　电真空摄像管

(3) 固态图像变换器

由许多小单元(称为像元或像素)组成的受光面,各像素将感受的光像转换为电信号后顺序输出的一种大规模集成光电器件。主要包括电荷耦合器件(Charge Coupled Device,简称 CCD)、CMOS 图像传感器和红外焦平面阵列器件(Infrared-Ray Focus Plane Array)三类。

　　面阵 CCD 摄像器件主要有成像区、暂存区和水平读出寄存器三部分。成像区即是光敏区,由光敏阵列构成,其作用是实现光信号的转换和在场正程时间内进行光积分;暂存区被遮光,可在场逆程时间内,迅速地将光敏区内电荷包转移到其势阱内。然后,当光敏区开始进行第二帧图像积分时,暂存区开始利用这段时间将暂存的电荷包转移到 CCD 移位寄存器内,变为串行时序电荷信号输出。图 6.30 所示即为面阵 CCD 摄像器体结构图。

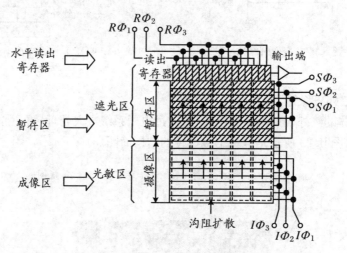

图 6.30　面阵 CCD 摄像器件结构图

6.4.5　温度传感器的应用

　　下面简要介绍基于 DS 1820 的温度检测系统、电冰箱的温控系统和测温仪系统。

1. 基于 DS 1820 的温度检测系统

　　美国 DALLAS 公司生产的单总线数字温度传感器 DS 1820,可把温度信号直接转换成串行数字信号供微机处理。由于每片 DS 1820 都含有唯一的串行序列号,所以在一条总线上可挂接任意多个 DS 1820 芯片。从 DS 1820 读出的信息或写入 DS 1820 的信息,仅需要一根线(单总线接口)。读写及温度变换功率来源于数据总线,总线本身也可以向所挂接的 DS 1820 供电,而无需额外电源。DS 1820提供 9 位温度读数,构成多点温度检测系统而无需任何外围硬件(图 6.31)。

(1) DS 1820 引脚及功能

　　GND:地;V_{DD}:电源电压;I/O:数据输入/输出脚(单线接口,可作寄生供电)。

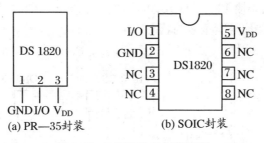

图 6.31　DS 1820 的管脚排列

(2) DS 1820 的工作原理

图 6.32 所示为 DS 1820 的内部框图,它主要包括寄生电源,温度传感器,64 位激光 ROM 单线接口,存放中间数据的高速暂存器(内含便笺式 RAM),用于存储用户设定的温度上下限值 T_H 和 T_L 的触发器存储与控制逻辑,8 位循环冗余校验码(CRC)发生器等七部分。

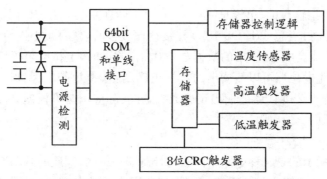

图 6.32　DS 1820 结构图

(3) 温度检测系统原理

由于单线数字温度传感器 DS 1820 具有在一条总线上可同时挂接多片的显著特点,可同时测量多点的温度,而且 DS 1820 的连接线可以很长,抗干扰能力强,便于远距离测量,因而得到了广泛应用。

温度检测系统原理图如图 6.33 所示,采用寄生电源供电方式。为保证在有效的 DS 1820 时钟周期内提供足够的电流,我们用一个 MOSFET 管和 89C51 的一个 I/O 口(P1.0)来完成对 DS 1820 总线上的上拉。当 DS 1820 处于写存储器操作和温度 A/D 变换操作时,总线上必须有强的上拉,上拉开启时间最大为 $10\ \mu s$。采用寄生电源供电方式时 V_{DD} 必须接地。由于单线制只有一根线,因此发送接收口必须是三态的,为了操作方便我们用 89C51 的 P1.1 口作发送口 T_x,P1.2 口作接收口 R_x。通过试验我们发现此种方法可挂接 DS 1820 数十片,距离可达到 50 m,

而用一个口时仅能挂接 10 片 DS 1820,距离仅为 20 m。同时,由于读写在操作上是分开的,故不存在信号竞争问题。

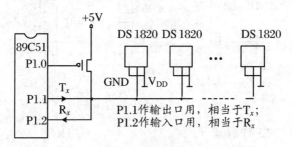

图 6.33　采用寄生电容供电的温度检测系统

DS 1820 采用了一种单线总线系统,即可用一根线连接主从器件,DS 1820 作为从属器件,主控器件一般为微处理器。单线总线仅由一根线组成,与总线相连的器件应具有漏极开路或三态输出,以保证有足够负载能力驱动该总线。DS 1820 的 I/O 端是开漏输出的,单线总线要求加一只 5 kΩ 左右的上拉电阻。

应特别注意:当总线上 DS 1820 挂接得比较多时,就要减小上拉电阻的阻值,否则总线拉不成高电平,读出的数据全是 0。在测试时,上拉电阻可以换成一个电位器,通过调整电位器可以使读出的数据正确,当总线上有 8 片 DS 1820 时,电位器调到阻值为 1.25 kΩ 就能读出正确数据,在实际应用时可根据具体的传感器数量来选择合适的上拉电阻。

2. 电冰箱的温控系统

图 6.34 所示的是某种电冰箱内温度控制器的结构,铜质的测温泡 1,细管 2 和弹性金属膜盒 3 连成密封的系统,里面充有氯甲烷和它的蒸气,构成一个温度传感器,膜盒 3 为扁圆形,右表面固定,左表面通过小柱体与弹簧片 4 连接,盒中气体的压强增大时,盒体就会膨胀,测温泡 1 安装在冰箱的冷藏室中。5、6 分别是电路的动触点和静触点,控制制冷压缩机的工作,拉簧 7 的两端分别连接到弹簧片 4 和连杆 9 上。连杆 9 的下端是装在机箱上的轴。凸轮 8 是由设定温度的旋钮控制的,逆时针旋转时凸轮连杆上端右移,从而加大对弹簧 7 的拉力。

自动控温原理:当冷藏室里的温度升高时,1、2、3 中的氯甲烷受热膨胀,弹性金属膜盒 3 的左端膨胀,推动弹簧片 4 向左转动,使 5、6 接触,控制的压缩机电路开始工作制冷,当温度下降到一定程度,氯甲烷受冷收缩,5、6 又分开,制冷结束,直到下次温度升高再重复上述过程。

温度设定原理:将凸轮 8 逆时针旋转,凸轮将连杆 9 向右顶,使得弹簧 7 弹力增大,此时要将 5、6 触点接通,所需要的力就要大些,温度要高一些,即温控挡应低一些(例如 1 级),顺时针旋转凸轮 8,控制的温度低一些,控温挡要高一些。

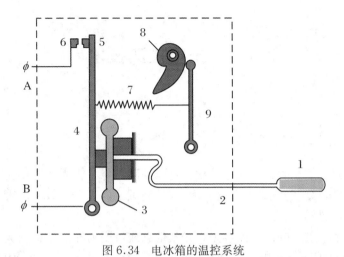

图 6.34　电冰箱的温控系统

3. 测温仪

图 6.35 所示为一种测温仪系统，用温度传感器可以把温度转换为电信号。测温元件可以是热敏电阻、金属热电阻、热电偶、红外线敏感元件等。电信号可以远距离输送，因而温度传感器可以远距离读取温度。

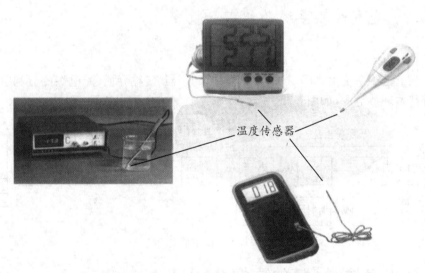

温度传感器

图 6.35　测温仪

另外，将微机辅助实验系统所配的温度传感器与计算机连接，可以实现数据采集、处理、画图的智能化功能。

6.5　光电检测技术

6.5.1　概述

光电检测是信息时代的关键技术。光电检测器件是将光能转变为电信号的半导体传感器件,常用的光敏器件有光敏电阻、光敏二极管和光敏三极管等几种基于光电效应的传感器。

光电技术中重要的研究内容是将光学信息或可变为光学信息的其他信息转换为电信号,进而组成光、机、电、计算机的综合系统,实现光学信息检测的自动化。这样的系统常称为光电探测系统,也称为光电检测系统。

光电检测系统涉及光电子学、激光技术、应用光学、电子技术和计算机技术等众多技术学科。本章主要讨论光电检测系统的组成与特点、光电信号检测电路设计和应用等内容。

6.5.2　光电检测系统的组成和特点

1．光电检测系统的组成

光电检测系统由光辐射源、光学系统、调制器、传输介质、光电探测器和电子系统等基本环节组成,如图 6.36 所示。

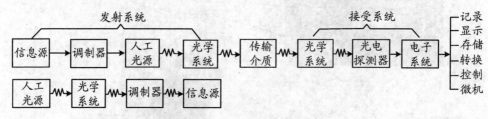

图 6.36　光电检测系统的组成

2．光电检测系统的特点

光学技术处理的是空间光信息,它具有多维、并行、快速数据处理等能力;电子技术处理的是一维电信息随时间的变化,它有较高的运算灵活性和变换精度。光电检测技术兼备这些优点,同时具有以下的特点:

(1) 高精度和远距离

光载波最便于远距离传播,尤其适用于遥控和遥测,如电视遥测、光电跟踪和光电制导等。

(2) 高速度、大容量

以光子作为信息载体,其传输速度是各种物质中传播速度最快的;其信息载波容量比电子至少要大一千倍。

(3) 测量非接触

检测所需的输入能量几乎不影响被测物的能量状态,并且测量仪器和被测对象之间不存在机械摩擦,容易实现动态测量。

(4) 有较强信息处理和运算能力

可进行复杂信息的并行处理和多种形式的数学运算。运算速度高,空间互连效率高,抗干扰能力强,可调制变量多,信号变换灵活。用光电方法还便于信息的控制和存储,易于实现自动化,易于与计算机连接,易于实现智能化等。

(5) 有广泛适用范围

能获取和处理多种光学信息和非光学参量,包括探测机构内部或危险环境下的工作参量。

6.5.3　光电信号检测电路设计

光电信号检测电路的基本结构通常包括:光电探测器、偏置电路、前置放大器三部分,如图 6.37 所示。

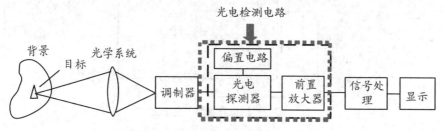

图 6.37　光电信号检测电路基本结构

光电检测电路的基本技术要求:

① 最大的输出动态范围。较强的光电转换能力,使给定的输入光信号在允许的非线性失真条件下有最佳的信号传输系数,得到最大的功率、电压或电流输出。

② 快速的动态响应能力。满足信号通道所要求的频率选择性或对瞬变信号的快速响应。

③ 最佳的信号检测能力。具有可靠检测所需信噪比或最小可检测信号功率。

④ 长期工作稳定、可靠。

6.5.4　光电检测技术的典型应用

下面分析和讨论照相机电子快门、光控制电路系统及分布式光纤测温系统。

1. 照相机电子快门

图 6.38 所示的是照相机自动曝光控制电路，可用于电子程序快门的照相机中。其中测光器件常采用与人眼光谱响应接近的硫化镉（CdS）光敏电阻。曝光电路是由 RC 充电电路、时间检出电路（电压比较器）及驱动电路组成。电子快门工作时，在 R_{w1} 和 R_{w2} 确定的情况下，其曝光时间由 RC 充电电路的时间常数决定，只与光敏电阻 CdS 的阻值有关，而 CdS 又与景物光强有关，从而可实现在不同的亮度下的自动曝光。

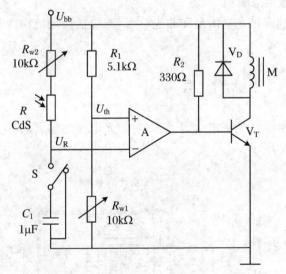

图 6.38　照相机自动曝光控制电路

2. 光控制电路

白天，光强度较大，光敏电阻 R_G 电阻值较小，加在斯密特触发器 A 端的电压较低，则输出端 Y 输出高电平，发光二极管 LED 不导通；当天色暗到一定程度时，R_G 的阻值增大到一定值，斯密特触发器 A 端的电压上升到某个值（1.6 V），输出端 Y 突然从高电平跳到低电平，则发光二极管 LED 导通发光（相当于路灯亮了），这样就达到了使路灯天明熄灭，天暗自动开启的目的（图 6.39）。

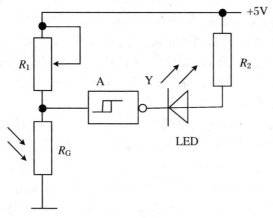

图 6.39 光控制电路

3. 分布式光纤测温系统

图 6.40 所示为中国计量学院研制的 FGC-W30 型分布式光纤温度传感器示意图,系统包括主机、光纤传感头和信号采集处理三大部分。

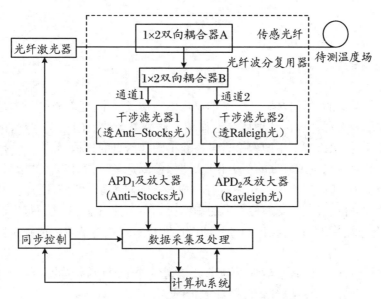

图 6.40 分布式光纤测温系统的功能结构示意图

主机:由光源、光纤波分复用器(OWDM)模块以及光电接收与信号放大模块三个部分组成。光源采用脉冲掺铒光纤激光器;光纤波分复用器模块由两个 1×2 双向耦合器和两个光纤光学干涉滤光器等组成;光电接收与信号放大模块由 2 个雪崩光电二极管和高性能低噪声宽带放大器组成。

光纤传感头:采用 G652 单模光纤(31 km 长)作为系统的光束传输与温度传感光纤,可根据不同应用的需要而采取接触式或非接触式的测温方式。

信号采集与处理部分:由硬件和软件组成。硬件包括双通道数据采集累加卡(采样频率 50 MHz、带宽为 100 MHz)、计算机系统、高速瞬态数字示波器、BOX-CAR;软件包括数据采集、累加与同步控制、各种降噪算法(如小波变换去噪法)、测量结果显示等程序。

工作过程:由计算机系统发出同步控制脉冲,光纤激光器发出的激光脉冲经 1×2 双向耦合器 A 注入传感光纤中,在光纤中产生的后向散射光依次经双向耦合器 A、B 后,进入通道 1、2,再经窄带干涉滤光器 1、2 滤波,分离出反斯托克斯散射光与瑞利散射光,这两种散射光分别由雪崩光电二极管 APD_1、APD_2 组件接收并进行光电转换和信号处理,最后由计算机系统进行数据采集、解调等,其中数据采集与触发激光器发光同步进行。

6.6　图像检测技术

6.6.1　概述

图像是常见的一种数据载体,它不仅可供观赏或娱乐,还有具体形象地说明某事物的作用及直观地表达某种概念地作用。研究图像的目的在于观察、测量和识别等各方面,图像检测即用图像采集设备获得图像信息的过程。

与人类对视觉机理研究的历史相比,图像检测是一门相对年轻的学科,但在其短暂的历史中,却被广泛用于几乎所有与成像有关的领域,例如,医疗诊断中各种医学图片的分析与识别、交通检查中的车辆检测与车种识别、天气预报中的卫星云图识别、遥感图片识别、指纹识别等。图像检测技术越来越多地渗透到我们的日常生活中。

图像有多种含义,其中最常见的定义是指各种图形和影像的总称。计算机中的图像从处理方式上可以分为位图和矢量图。

6.6.2　光电成像器件

光电成像原理:光学物镜将景物所反射出来的光成像到光电成像器件的像敏面上形成二维光学图像,经光电成像器件将二维光学图像转变成二维电气图像(超正析像管为电子图像,视像管为电阻图像或电势图像,面阵 CCD 为电荷图像),然后进行图像分割,并按照一定的规则将所分割的电气图像转变成一维时序信号(视频信号),将视频信号送入监视器,控制显像管电子枪的强度,显像管电子枪与摄像管的电子枪作同步扫描,可将摄像管摄取的图像显示出来。比如,将视频信号经调制放大成高频—射频信号发送出去,再用天线系统接收射频信号,经过解调获取视频信号。控制电视显像管电子枪的扫描可以获得摄像管摄取的景物图像。

这里简要介绍电荷耦合器件 CCD、互补金属氧化物半导体器件 CMOS 和图像增强器等常见光电成像器件的工作原理及其特性。

1. 电荷耦合器件 CCD

电荷耦合器件 CCD 是一种 MOS 晶体管的器件,它是利用内光电效应原理由单个光敏元构成的光传感器的集成化器件。它集电荷存储、移位和输出为一体,应用于成像技术、数据存储和信号处理等电路中。其中,作为固体成像器件最有意义,由于其像素的大小及排列固定,很少出现图像失真,使人们长期以来追求的固体自扫描摄像成为现实。它比传统的摄像仪体积小、重量轻、工作电压低(小于 20 V)、可靠性高、动态范围大且不需强光照射等。其光波范围从紫外光区、可见光区发展到红外光区,从用于一维(线性)和二维(平面)图像信息处理发展到三维(立体)图像信息处理。CCD 图像传感器被广泛应用于生活、天文、医疗、电视、传真、通信以及工业检测和自动控制系统。

(1) CCD 的结构与工作原理

一个完整的 CCD 器件由光敏元、转移栅、移位寄存器及一些辅助输入、输出电路组成。CCD 工作时,在设定的积分时间内,光敏元对光信号进行取样,将光的强弱转换为各光敏元的电荷量。取样结束后,各光敏元的电荷在转移栅信号驱动下,转移到 CCD 内部的移位寄存器相应单元中。移位寄存器在驱动时钟的作用下,将信号电荷顺次转移到输出端。输出信号可接到示波器、显示器或其他信号存储、处理设备中,可对信号再现或进行存储处理。

CCD 工作原理是:先将半导体产生的(与照度分布相对应)信号电荷注入势阱中,再通过内部驱动脉冲控制势阱的深浅,使信号电荷沿沟道朝一定的方向转移,最后经输出电路形成一维时序信号。

(2) 线型 CCD 摄像器件和面阵 ICCD 器件

电荷耦合摄像器件类型分为线型 CCD 摄像器件和面阵 ICCD 器件两类。其中,线型 CCD 又包括单沟道线型 ICCD 和双沟道线型 ICCD,面阵 ICCD 器件主要有帧转移面阵 ICCD、隔列转移型面阵 ICCD 和线转移型面阵 ICCD。线型 CCD 摄像器件及面阵 ICCD 器件的结构分别如图 6.41、图 6.42 所示。

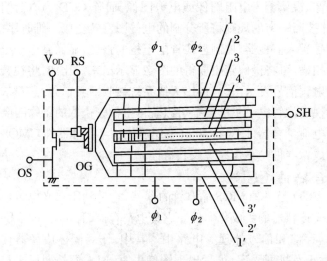

1. CCD转移寄存器；2. 转移控制栅；3. 积蓄控制电极；4. PD为阵列，SH为转移控制栅输入端，RS为复位控制，V_{OD}为漏极输出，OS为图像信号输出，OG为输出控制栅

图6.41　线型摄像器件结构

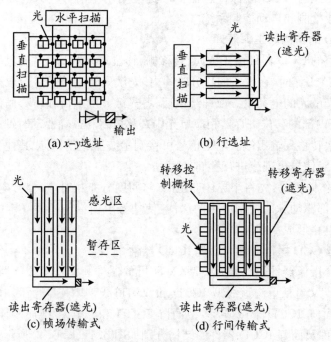

(a) x-y选址　　　　　　(b) 行选址

(c) 帧场传输式　　　　　(d) 行间传输式

图6.42　面型固态摄像器件结构

2. CMOS 图像传感器

CMOS 指互补金属氧化物(PMOS 管和 NMOS 管)共同构成的互补型 MOS 集成电路制造工艺,它的特点是低功耗。对于 CMOS 中一对 MOS 组成的门电路的瞬时状态,要么 PMOS 导通,要么 NMOS 导通,要么都截止,比线性的三极管(BJT)效率要高得多,因此功耗很低。因为 CMOS 结构相对简单,与现有的大规模集成电路生产工艺相同,从而可以降低生产成本。未来的几年时间内,将以 130 万像素至 200 万像素为区分,高端应用领域中将仍以 CCD 主流,低端产品则将开始以 CMOS 传感器为主流。

CMOS 图像传感器是指将光敏阵列、放大器、A/D 转换器、存储器、数字信号处理器和计算机接口电路等集成在一块硅片上的光电成像器件。

(1) CMOS 图像传感器的结构与工作原理

CMOS 图像传感器的结构如图 6.43 所示,其主要组成部分是集成在同一硅片上的像敏单元阵列和 MOS 场效应管集成电路。像敏单元阵列实际上就是光电二极管阵列,任意数目的像元都可被访问,故 CMOS 图像传感器没有线阵和面阵之分。

图像信号的输出过程:如图 6.44 所示,在 Y 方向地址译码器的控制下,按序接通每行像元上的模拟开关(如第 i 行、第 j 列的开关 $S_{i,j}$),光电信号通过行开关传送到列线上,再通过 X 方向地址译码器的控制,输送到放大器。行、列开关的导通由两个方向地址译码器上所加的时序脉冲控制,可以实现逐行扫描或隔行扫描的输出方式,也可以只输出某一行或某一列的信号(与线阵 CCD 类似),还可选择所希望观测的某些像素的光电信号,如图中第 i 行、第 j 列像元的信号开关 $S_{i,j}$。

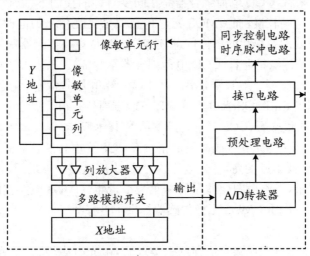

图 6.43 CMOS 图像传感器的结构示意图

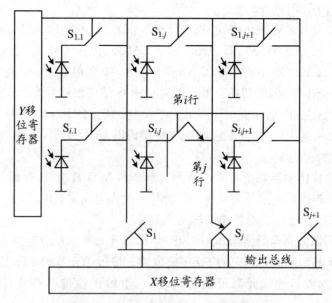

图 6.44   CMOS 图像传感器阵列原理示意图

(2) CMOS 与 CCD 的比较

① 从信息读取方式上看，CCD 电荷耦合器存储的电荷信息，需在同步信号控制下一位一位地实施转移后读取，电荷信息转移和读取输出需要有时钟控制电路和三组不同的电源相配合，整个电路较为复杂。CMOS 光电传感器经光电转换后直接产生电流（或电压）信号，信号读取十分简单。

① 从速度来看，CCD 电荷耦合器需在同步时钟的控制下，以行为单位一位一位地输出信息，速度较慢；而 CMOS 光电传感器采集光信号的同时就可以取出电信号，还能同时处理各单元的图像信息，速度比 CCD 电荷耦合器快很多。

③ 从电源及耗电量上看，CCD 电荷耦合器至少需要三组电源供电，耗电量较大；CMOS 光电传感器一般只需使用一个电源，耗电量非常小，仅为 CCD 电荷耦合器的 1/10 到 1/8，CMOS 光电传感器在节能方面具有很大优势。

④ 从成像质量来看，CCD 电荷耦合器制作技术起步早，技术成熟，采用 PN 结或二氧化硅隔离层隔离噪声，成像质量相对 CMOS 光电传感器有一定优势。由于 CMOS 光电传感器集成度高，各光电传感元件、电路之间距离很近，相互之间的光、电、磁干扰较严重，噪声对图像质量影响很大。近年，CMOS 电路消噪技术不断发展，为生产高密度优质 CMOS 图像传感器提供了良好的条件。

3. 图像增强器

图像增强器是可实现微光增强的一类像管，由光电阴极、电子光学系统、电子倍增器以及荧光屏等功能部件组成。图像增强器主要有级联式图像增强器、微通道板图像增强器。

图像增强器的工作原理:电子光学系统和电子倍增器将光电阴极所发射的光电子图像传递到荧光屏,在传递过程中使电子流的能量增强(有时还使电子的数目倍增),并完成电子图像几何尺寸的缩小/放大;荧光屏输出可见光图像,且图像的亮度被增强到足以引起人眼视觉的程度,从而可以在夜间或低照度下直接进行观察。

(1) 微通道板图像增强器

微通道板(Micro Channel Plate)是一种二维高增益电子倍增器,简称 MCP。微通道板是由上百万个平行而紧密排列的微细空心含铅玻璃纤维(微通道)组成的二维阵列。通道内壁覆盖一层具有较高二次电子发射系数的薄膜,两个端面镀有镍层,分别形成输入/输出电极,极板之间施加直流高压 U(可达 10 kV),外缘带有加固环,微通道板通常不垂直端面,而是成 $7°\sim15°$ 的斜角。

如图 6.45 所示,微通道的入口端对着像管的光电阴极、并位于电子光学系统的像面上,出口端对着荧光屏,微通道的两个端面电极上施加工作电压 U 形成电场。高速光电子进入通道,与内壁碰撞,入射电子得到倍增。重复这一过程直至倍增电子从通道出口端射出为止。

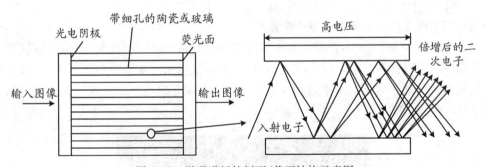

图 6.45　微通道板的剖面/截面结构示意图

微通道板可使整幅电子图像得到增强,可得到 10^8 量级的电子增益。用微通道板代替一般光电倍增管中的电子倍增器,构成微通道板光电倍增管(MCP PMT),可响应和探测更窄的脉冲或更高频率的光辐射。

(2) 图像增强器的应用

图像增强器可用来对近红外光、可见光、紫外光和 X 射线照射下的景物进行探测、图像增强和成像。作为微光摄像系统的前一级器件,先对入射图像进行增强,再传递给摄像器件。也可用于微光夜视、夜盲助视、天文观测、X 射线图像增强、医疗诊断和高速电子摄影快门等技术。

6.6.3　图像检测系统

1. 图像检测系统的组成

图像检测系统一般由硬件系统和软件系统两个部分组成。硬件系统包括有：照明光源、光学系统(含光学镜头)、光电传感器及控制电路、视频图像采集处理、计算机及接口技术、显示输出设备、光具座、载物台及其他各类附属设备；软件系统则是根据测量原理，设计适应操作系统的图像分析算法。综合而言，图像检测系统是由光学成像、视频信号处理、数字图像处理、结果输出、机械结构调节等五个子系统构成的。对于动态测量，还应包括精密的伺服反馈控制环节。图像检测技术主要涉及光学成像部分，实现图像信息的采集。

2. 图像检测系统的特点

图像检测系统具有高精度、高速度、远距离、大量程、非接触检测、长寿命、很强的信息处理和运算能力、可并行处理复杂信息等优点。光电图像检测系统是现代科学、国家现代化建设和人民生活中不可缺少的新技术，是光、机、电、计算机相结合的新技术，是最具有应用潜力的信息技术之一。

3. 图像检测系统的应用

(1) 待发段火箭倾倒光测图像系统

在载人航天工程中，待发段指火箭发射前航天员进舱至火箭起飞触点接通(含紧急关机)之间的时段。火箭系统针对待发段情况指出了 4 种故障逃逸模式，其中火箭倾倒故障模式下实施逃逸难度最大。下面简要介绍待发段火箭倾倒光测图像系统(图6.46)。

图6.46　待发射火箭倾倒光测图像系统

通过实时检测箭体轮廓线等图像特征，并进行三维解算，可以实时得到箭体的三维姿态—倾倒角度、倾倒角速度和箭体顶部的倾倒线位移、倾倒线速度,从而使系统能同时提供塔架和箭船组合体的实况图像和火箭倾倒的定量参数,为逃逸指挥员提供准确、直接和完整的火箭倾倒信息。该系统已成功应用于神舟 3 号至神舟 6 号任务,为航天员提供了可靠的安全保障。

(2) CCD 在武器装备无损检测中的应用

现在已经在实践中成功运用的 X 光光电检测系统就是一种比较好的无损检测手段。它主要用于武器装备的探伤,比如对装甲车辆焊接部位的检查,对飞机零件、发动机曲轴质量的探视等。但在实际应用中很不方便,因此通常采用 CCD 检测系统对武器装备进行探伤,实现了检测工作的流水作业,具有安全、迅速、节约等多种优点,是一种较为理想的检测方法。如图 6.47 所示为某基地的 X 光光电检测系统的原理图。

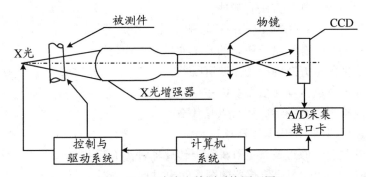

图 6.47　X 光光电检测系统原理图

其工作过程为:X 光穿透被测件投射到 X 光增强器的阴极上,经过 X 光增强器变换和增强的可见光图像为 CCD 所摄取,进一步变成视频信号。视频信号经采集板采集并处理为数字信号送入计算机系统。计算机系统将送入的信号数据(含形状、尺寸、均匀性等数据)与原来存储在计算机系统中的数据比较便可检测得出误差数值等一系列数据来。检测的结果不仅可以显示或由外部设备打印记录下来,而且还可将差值数据转换为模拟信号,用以控制传送、分类等伺服机构,自动分拣合格与不合格产品,实现检测、分类自动化。

4. 图像检测系统的发展

从原理上来看,图像检测系统具有以下 3 个特点:

① 从主观光学发展成为客观光学,也就是用光电探测器来取代人眼,提高了测试准确度与测试效率;

② 使用单色性、方向性、相干性和稳定性都远远优于传统光源的新光源——激光,获得方向性和稳定性极好的光束,用于各种光电测试;

③ 从光机结合的模式向光机电算一体化的模式转换,充分利用计算机技术,

实现测量及控制的一体化。

从功能上来看,图像检测系统具有以下 3 个特点:

① 从静态测量向动态测量发展;

② 从逐点测量向全场测量发展;

③ 从低速测量向高速测量发展,同时具有存储和记录功能。

习　题

1. 常用的力的测量方法有哪些?

2. 压力检测的基本方法有哪些?

3. 简述基于 PSD 的光电式位移检测系统工作原理。

4. 简述光纤陀螺测量角速率的基本原理及工作过程。

5. 加速度测量方式的分类主要有哪些?

6. 简述电测法振动测量系统的主要组成部分。

7. 光电检测系统的组成和特点是什么?

8. 简述 CCD 的结构与工作原理。

9. 红外测温的原理及常见红外测温传感器种类有哪些?

10. 简述 CMOS 图像传感器的图像输出过程。

第7章 检测系统误差分析

7.1 检测误差的基本概念

在工程实践中经常会遇到这样的情形:某个新设计的、研制调试成功的检测(仪器)系统在实验室调试时获得的精度已经达到甚至超过设计指标,但一旦安装到环境比较恶劣、干扰严重的工作现场,其实测精度往往大大低于实验室水平,甚至出现严重超差和无法正常运行的情况。因而需要设计人员根据现场测量获得的数据,结合该检测系统本身的静动态特性、检测系统与被测对象现场安装连接情况及现场存在的各种噪声情况等进行综合分析研究,找出影响和造成检测系统实际精度下降的原因,然后对症下药采取改进措施,直至该检测系统实际测量精度和其他性能指标全部达到设计指标,这就是通常所说的现场调试过程。只有完成现场调试并投入正常运行,该检测系统才算真正成功。

检测精度(高、低)从概念上与检测误差(小、大)相对应,目前误差理论已发展成为一门专门学科,涉及内容很多,许多高校的相关专业专门开设了"误差理论与数据处理"课程。本章将对检测误差的一些术语、概念及常用误差处理方法进行介绍。

7.1.1 误差的概念

1. 检测误差的定义
检测是一个变换、放大、比较、显示、读数等环节的综合过程。由于检测系统(仪表)不可能绝对精确,加上测量原理的局限,测量方法的不尽完善,环境因素的影响,外界干扰的存在以及测量过程可能会影响被测对象的原有状态等,使得测量结果不能准确地反映被测量的真值而存在一定的偏差,这个偏差就是检测误差。

2. 真值
一个量严格定义的理论值通常叫理论真值,许多量由于理论真值在实际工作中难以获得,常用约定真值或相对真值来代替。

(1) 约定真值

根据国际计量委员会通过并发布的各种物理参量单位的定义,利用当今最先进科学技术复现这些实物单位基准,其值被公认为国际或国家基准,称为约定真值。例如,保存在国际计量局的 1 kg 铂铱合金原器就是 1 kg 质量的约定真值。在各地的实践中通常用这些约定真值国际基准或国家基准代替真值进行量值传递,也用于对低一等级标准量值(标准器)或标准仪器进行比对、计量和校准。

(2) 相对真值

如果高一级检测仪器(计量器具)的误差仅为低一级检测仪器误差的(1/10)～(1/3),则可认为前者是后者的相对真值。例如,高精度石英钟的计时误差通常比普通机械钟的计时误差小 2 个数量级以上,因此高精度的石英钟可视为普通机械钟的相对真值。

3. 标称值

计量或测量器具上标注的量值,称为标称值。如天平的砝码上标注的 1 g、精密电阻器上标注的 100 Ω 等。由于制造工艺不完备或环境条件发生变化,使这些计量或测量器具的实际值与其标称值之间存在一定的误差,使计量或测量器具的标称值存在不确定度,通常需要根据精度等级或误差范围进行估计。

4. 示值

检测仪器(或系统)指示或显示(被测参量)的数值叫示值,也叫测量值或读数。由于传感器不可能绝对精确,信号调理、模/数转换不可避免地存在误差,加上测量时环境因素和外界干扰的存在以及测量过程可能会影响被测对象的原有状态等,都可使示值与实际值存在偏差。

7.1.2 误差的表示方法

检测系统的基本误差通常有如下几种表示形式。

1. 绝对误差

检测系统的测量值(即示值)X 与被测量的真值 X_0 之间的代数差值 Δx 称为检测系统测量值的绝对误差,即为:

$$\Delta x = X - X_0 \tag{7.1}$$

式中,真值可为约定真值,也可是由高精度标准器所测得的相对真值。绝对误差 Δx 说明了系统示值偏离真值的大小,其值可正可负,具有和被测量相同的量纲单位。

系统误差:将标准仪器(相对样机,具有更高精度)的测量示值作为近似真值

X_0 与被校检测系统的测量示值 X 进行比较,它们的差值就是被校检测系统测量示值的绝对误差。如果该差值是一恒定值,即为检测系统的"系统误差"。该误差可能是系统在非正常工作条件下使用而产生的,也可能是由其他原因所造成的附加误差。此时检测仪表的测量示值应加以修正,修正后才可得到被测量的实际值 X_0:

$$X_0 = X - \Delta x = X + C \qquad (7.2)$$

式中,数值 C 称为修正值或校正量。修正值与示值的绝对误差的数值相等,但符号相反,即为:

$$C = -\Delta x = X_0 - X \qquad (7.3)$$

计量室用的标准器常由高一级的标准器定期校准,检定结果附带有示值修正表,或修正曲线 $c = f(x)$。

2. 相对误差

检测系统测量值(即示值)的绝对误差 Δx 与被测参量真值 X_0 的比值称为检测系统测量(示值)的相对误差 δ,常用百分数表示,即:

$$\delta = \frac{\Delta x}{X_0} \times 100\% = \frac{X - X_0}{X_0} \times 100\% \qquad (7.4)$$

用相对误差通常比其绝对误差能更好地说明不同测量的精确程度,一般来说相对误差值小,其测量精度就高。相对误差本身没有量纲。

在评价检测系统的精度或不同的测量质量时,利用相对误差作为衡量标准有时也不很准确。故用下面以引用误差的概念来评价测量的质量更为方便。

3. 引用误差

检测系统测量值的绝对误差 Δx 与系统满量程 L 之比值称为检测系统测量值的引用误差 γ。在评价检测系统的精度或不同的测量质量时,利用相对误差作为衡量标准有时也不很准确。引用误差 γ 通常仍以百分数表示:

$$\gamma = \frac{\Delta x}{L} \times 100\% \qquad (7.5)$$

一般来讲,即使是同一检测系统,其测量范围内的不同示值处的引用误差也不一定相同。为此,取引用误差的最大值可以更好地说明检测系统的测量精度。

4. 最大引用误差(或满度最大引用误差)

在规定的工作条件下,当被测量平稳增加或减少时,在检测系统全量程所有测量引用误差(绝对值)的最大者,或者说所有测量值中最大绝对误差(绝对值)与量程的比值的百分数,称为该系统的最大引用误差,符号为 γ_{max},可表示为:

$$\gamma_{max} = \frac{|\Delta x_{max}|}{L} \times 100\% \qquad (7.6)$$

最大引用误差是检测系统基本误差的主要形式,故也常称为检测系统的基本误差,它是检测系统的最主要质量指标,可很好地表征检测系统的测量精确度。

7.1.3　检测误差的分类

从不同的角度,检测误差可以有不同的分类方法。

按被测参量与时间的关系分类,检测误差可分为静态误差和动态误差两大类。静态误差是在被测参量不随时间变化时所测得的误差;动态误差是在被参测量随时间变化过程中进行测量时所产生的附加误差。动态误差是由于检测系统对输入信号变化响应上的滞后或输入信号中不同频率成分通过检测系统时受到不同的衰减和延迟而造成的误差。动态误差的大小为动态时测量和静态时测量所得误差值的差值。

按产生误差的原因,可将误差分为工具误差、方法误差、环境误差、人员误差等。工具误差是由于检测仪器(系统)在结构、制造、调试工艺上不尽合理而引起的误差,也叫构造误差;方法误差是由于测量方法的不合理或测量原理不完善而引起的误差,也叫原理性误差。

根据检测误差的性质和特点,可将误差分为系统误差、随机误差和粗大误差(或称疏失误差)三类。

1. 系统误差

系统误差是指在相同测试条件下,多次测量同一被测量时,测量误差的大小和符号保持不变或按一定的函数规律变化的误差,服从确定的分布规律。系统误差主要是由于测量设备的缺陷、测量环境变化、测量时使用的方法不完善、所依据的理论不严密或采用了某些近似公式等造成的误差。

根据系统误差变化与否,还进一步分为定值系统误差与变值系统误差。误差值恒定不变的称为定值系统误差,误差值会发生变化的则称为变值系统误差。变值系统误差又可分为累进性的、周期性的以及按复杂规律变化的系统误差。由于系统误差具有一定的规律性,所以它是可以预测和消除的。

2. 随机误差

在相同条件下多次重复测量同一被测参量时,检测误差的大小与符号均无规律变化,这类误差称为随机误差。随机误差表现测量结果的分散性,通常用精密度表征随机误差的大小。随机误差越大,精密度越低;反之,精密度就越高。测量的精密度高,亦即表明测量的重复性好。

产生随时机误差的因素很多,大部分未知,有些因素虽然确定,但无法有效控制。例如,温度、湿度及空气的净化程度等对测量都有影响,在测量时虽力求将它们控制为某个定值,然而在每一次测量时,它们都存在微小的变化。

3. 粗大误差

粗大误差是指在一定的测量条件下,测得的值明显偏离其真值,既不具有确定分布规律,也不符合随机分布规律的误差。其特点是误差数值大、明显歪曲了测量结果。粗大误差一般是由重大外界干扰或仪器故障或不正确的操作等引起。含有粗大误差的测量值称为坏值或异常值。正常的测量结果中不应含有坏值,应予以剔除,但不能主观随便除去,必须根据检验方法的某些准则判断哪个测量值是坏值。

由于在任何一次测量中,系统误差与随机误差一般都同时存在,所以常按其对测量结果的影响程度分三种情况来处理:系统误差远大于随机误差时,此时仅按系统误差处理;系统误差很小,已经校正,则可仅按随机误差处理;系统误差和随机误差差不多时应分别按不同方法来处理。

精度是反映检测仪器的综合指标,精度高必须做到使系统误差和随机误差都小。

7.1.4　检测系统的精度等级与容许误差

1. 精度等级

工业检测系统(仪器)常以最大引用误差作为判断精度等级的尺度。一般规定取最大引用误差百分数的分子表示检测仪器(系统)精度等级,也即用最大引用误差去掉正负号和百分号(%)后的数字来表示精度等级,精度等级用符号 G 表示。

为统一和方便使用,国家标准 GB776—76《测量指示仪表通用技术条件》规定,测量指示仪表的精度等级 G 分为 0.1、0.2、0.5、1.0、1.5、2.5、5.0 共七个等级,这也是工业检测仪器(系统)常用的精度等级。检测系统(仪器)的精度等级由生产厂商根据其最大引用误差的大小并以选大不选小的原则就近套用上述精度等级得到。

例如,量程为 0~1000 V 的数字电压表,如果其整个量程中最大绝对误差为 1.05 V,则有:

$$\gamma_{max} = \frac{|\Delta x_{max}|}{L} \times 100\% = \frac{1.05}{1000} \times 100\% = 0.105\%$$

由于 0.105 不是标准化精度等级值,因此需要就近套用标准化精度等级值。0.105 位于 0.1 级和 0.2 级之间,尽管该值与 0.1 更为接近,但按选大不选小的原则将数字电压表的精度等级 G 定为 0.2 级。因此,任何符合计量规范的检测仪器(系统)都满足:

$$|\gamma_{max}| \leqslant [G]\% \tag{7.7}$$

由此可见,检测仪表的精度等级是反映仪表性能的最主要的质量指标,它充分地说明了仪表的测量精度,可较好地用于评估检测仪表在正常工作时(单次)测量的误差范围。

2. 容许误差

容许误差是指检测仪器在规定使用条件下可能产生的最大误差范围,它是衡量检测仪器的最重要的质量指标之一。检测仪器的准确度、稳定度等指标都可用容许误差来表征。

容许误差可用工作误差、固有误差、影响误差、稳定性误差来描述,通常直接用绝对误差表示。

(1) 工作误差

工作误差是指检测仪器(系统)在规定工作条件下正常工作时可能产生的最大误差,即当仪器外部环境的各种影响、仪器内部的工作状况及被测对象状态为任意的组合时,仪器工作所能产生误差的最大值。这种表示方式的优点是使用方便,可利用工作误差直接估计测量结果误差的最大范围。

(2) 固有误差

当环境和各种试验条件均处于基准条件下检测仪器所反映的误差称固有误差。由于基准条件比较严格,所以,固有误差可以比较准确地反映仪器本身所固有的技术性能。

(3) 影响误差

影响误差是指仅有一个参量处在检测仪器(系统)规定工作范围内,而其他所有参量均处在基准条件时检测仪器(系统)所具有的误差,如环境温度变化产生的误差、供电电压波动产生的误差等。影响误差可用于分析检测仪器(系统)误差的主要构成以及寻找减小和降低仪器误差的主要方向。

(4) 稳定性误差

稳定性误差是指仪表工作条件保持不变的情况下,在规定的时间内,检测仪器(系统)各测量值与其标称值间的最大偏差。用稳定性误差估计平时某次正常测量误差,通常比实际测量误差偏小。

工程上,常用工作误差和稳定性误差结合来估计平时测量误差和测量误差范围,评价检测仪器在正常使用时所具有的实际精度。

一般情况下,仪表精度等级 G 的数字愈小,仪表的精度愈高。但精度等级的高低仅说明该检测仪表的引用误差最大值的大小,它并不意味着该仪表某次实际测量中出现的具体误差值是多少。检测仪表产生的测量误差不仅与所选仪表精度等级 G 有关,而且与所选仪表的量程有关。通常量程 L 和测量值 X 相差愈小,测量准确度较高。

[例 7.1] 被测电压实际值大约为 21.7 V,现有四种电压表:1.5 级、量程为

$0\sim30$ V 的 A 表;1.5 级、量程为 $0\sim50$ V 的 B 表;1.0 级、量程为 $0\sim50$ V 的 C 表; 0.2 级、量程为 $0\sim360$ V 的 D 表。请问选用哪种规格的电压表进行测量产生的测量误差较小?

[解]　根据式(7.6)分别用四种表进行测量,由此可能产生的最大绝对误差分别如下所示:

A 表有:
$$|\Delta x_{\max}| = |\gamma_{\max}| \times L = 1.5\% \times 30 = 0.45(V)$$
B 表有:
$$|\Delta x_{\max}| = |\gamma_{\max}| \times L = 1.5\% \times 50 = 0.75(V)$$
C 表有:
$$|\Delta x_{\max}| = |\gamma_{\max}| \times L = 1.0\% \times 50 = 0.50(V)$$
D 表有:
$$|\Delta x_{\max}| = |\gamma_{\max}| \times L = 0.2\% \times 360 = 0.72(V)$$

四者比较,选用 A 表进行测量所产生的测量误差通常较小。

由上例不难看出,检测仪表产生的测量误差不仅与所选仪表精度等级 G 有关,而且与所选仪表的量程有关。通常量程 L 和测量值 X 相差愈小,测量准确度较高。所以,在选择检测仪表时,应选择测量值尽可能接近的仪表量程。

7.2　随机误差的处理

在工程测量中,由于随机误差是由没有规律的大量微小因素共同作用所产生的结果,因而不易掌握,也难以清除。但是,随机误差从总体来看,其概率分布通常服从一定的统计规律。因此,可以用数理统计的方法,对其分布范围做出估计,得到随机影响的不确定度。

1. 随机误差的分布规律

假定对某个被测参量进行等精度(测量误差影响程度相同)重复测量 n 次,其测量示值分别为 $X_1, X_2, \cdots, X_i, \cdots, X_n$,则各次测量的测量误差,即随机误差(假定已消除系统误差)分别为

$$\Delta x_1 = X_1 - X_0$$
$$\Delta x_2 = X_2 - X_0$$
$$\cdots$$
$$\Delta x_i = X_i - X_0$$

···

$$\Delta x_n = X_n - X_0 \tag{7.8}$$

式中,X_0 为真值。

如果以偏差幅值(有正负)为横坐标,以偏差出现的次数为纵坐标作图。可以看出,随机误差整体上均具有下列统计特性:

① 单峰性,即绝对值(幅度)小的随机误差总要比绝对值(幅度)大的随机误差出现的概率大;

② 有界性,即各个随机误差的绝对值(幅度)均不超过一定的界限;

③ 对称性,(幅度)等值而符号相反的随机误差出现的概率接近相等;

④ 抵偿性,当等精度重复测量次数 $n \to \infty$ 时,所有测量值的随机误差的代数和为零,即:

$$\lim_{n \to \infty} \sum_{i=1}^{n} \Delta x_i = 0$$

故在等精度重复测量次数足够大时,其算术平均值 $\bar{X}$ 就是其真值 X_0 较理想的替代值。

大量的试验结果还表明:测量值的偏差——当没有起决定性影响的误差源(项)存在时,随机误差的分布规律多数都服从正态分布;当有起决定性影响的误差源存在,还会出现诸如均匀分布、三角分布、梯形分布、t 分布等。下面对正态分布、均匀分布作简要介绍。

2. 正态分布

高斯于 1795 年提出的连续型正态分布随机变量并的概率密度函数表达式为:

$$p(x) = \frac{1}{\sqrt{2\pi}\sigma} e^{\frac{-(x-\mu)^2}{2\sigma^2}} \tag{7.9}$$

式中,μ 为随机变量的数学期望值;e 为自然对数的底;σ 为随机变量 x 的均方根差或称标准偏差(简称标准差);n 为随机变量的个数。

$$\sigma = \lim_{x \to \infty} \sqrt{\frac{\sum_{i=1}^{n}(x_i - \mu)^2}{n}} \tag{7.10}$$

其中,μ 和 σ 是决定正态分布曲线的两个特征参数,μ 影响随机变量分布的集中位置,或称其正态分布的位置特征参数;σ 表征随机变量的分散程度,故称为正态分布的离散特征参数。μ 值改变,σ 值保持不变,正态分布曲线的形状保持不变而位置根据 μ 值改变而沿横坐标移动,如图 7.1 所示。μ 值保持不变,σ 值改变,则正态分布曲线的位置不变,但形状改变,如图 7.2 所示。σ 值变小,则正态分布曲线变得尖锐,表示随机变量的离散性变小;σ 值变大,则正态分布曲线变平缓,表示随机变量的离散性变大。

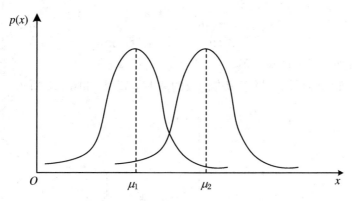

图 7.1　μ 对正态分布的影响示意图

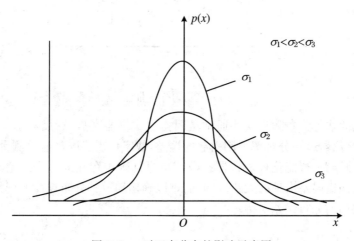

图 7.2　σ 对正态分布的影响示意图

　　在已经消除系统误差条件下的等精度重复测量中,当测量数据足够多时,测量的随机误差大都呈正态分布,因而完全可以参照式(7.9)的高斯方程对测量随机误差进行比较分析。

　　分析测量随机误差时,标准差 d 表征测量数据离散程度。σ 值愈小,则测量数据愈集中,概率密度曲线愈陡峭,测量数据的精密度越高;反之,σ 值愈大,测量数据愈分散,概率密度曲线愈平坦,测量数据的精密度越低。

3. 均匀分布

　　在测试和计量中,随机误差有时还会服从非正态的均匀分布等。从误差分布图上看,均匀分布的特点是:在某一区域内,随机误差出现的概率处处相等,而在该区域外随机误差出现的概率为零。均匀分布的概率密度函数 $\varphi(x)$ 为:

$$\varphi(x) = \begin{cases} \dfrac{1}{2a} & (-a \leqslant x \leqslant a) \\ 0 & (\,|\,x\,| > a\,) \end{cases} \tag{7.11}$$

式中 a 为随机误差 x 的极限值。

均匀分布的随机误差概率密度函数的图形呈直线,如图 7.3 所示。

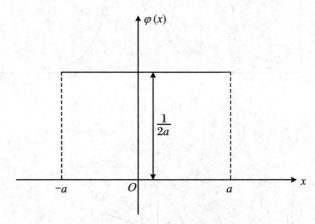

图 7.3　均匀分布曲线

较常见的均匀分布随机误差通常是因指示式仪器度盘、标尺刻度误差所造成的误差,检测仪器最小分辨率限制引起的误差,数字仪表或屏幕显示测量系统产生的量化(± 1)误差,智能化检测仪器在数字信号处理中存在的舍入误差等。此外,对于一些只知道误差出现的大致范围,而难以确切知道其分布规律的误差,在处理时亦经常按均匀分布误差对待。

7.3　系统误差的分析

在一般工程测量中,系统误差与随机误差总是同时存在,尤其是装配刚完成、可正常运行的检测仪器,在出厂前进行的对比测试、校正和标定中,反映出的系统误差往往比随机误差大得多;而对于新购检测仪器,尽管在出厂前生产厂家已经对仪器的系统误差进行过精确校正,但一旦安装到用户使用现场,也会因仪器的工况改变产生新的,甚至是很大的系统误差,为此需要进行现场调试和校正;在检测仪器使用过程中还会因元器件老化、线路板及元器件上积尘、外部环境发生某种变化等原因而造成检测仪器系统误差变化,因此需对检测仪器定期检定与校准。

为保证和提高测量精度,需要研究能够发现系统误差并进而校正和消除系统误差的原理、方法与措施。

7.3.1　系统误差的特点及规律

　　系统误差的特点是其出现的有规律性,系统误差的产生原因一般可通过实验和分析研究确定与消除。由于检测仪器种类和型号繁多,使用环境往往差异很大,产生系统误差的因素众多,因此系统误差所表现的特征,即变化规律往往也不尽一致。

　　系统误差(这里用 Δx 表示)随测量时间变化的几种常见关系曲线如图 7.4 所示。

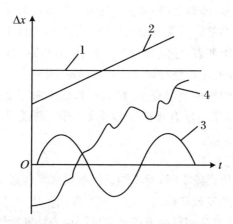

图 7.4　系统误差的几种常见关系曲线

　　曲线 1 表示测量误差的大小与方向不随时间变化的定值系统误差;曲线 2 为测量误差随时间以某种斜率呈线性变化的线性变值系统误差;曲线 3 表示测量误差随时间作某种周期性变化的周期变值系统误差;曲线 4 为上述三种关系曲线的某种组合形态,呈现复杂规律变化的复杂变值系统误差。

7.3.2　系统误差的判定

1. 实验比对法

　　对于不随时间变化的定值系统误差,通常可以采用通过实验比对的方法发现和确定。实验比对的方法又可分为标准器件法(简称标准件法)和标准仪器法(简称标准表法)两种。以电阻测量为例,标准件法就是检测仪器对高精度精密标准电阻器(其值作为约定真值)进行重复多次测量,测量值与标准电阻器的阻值的差值大小均稳定不变,该差值即可作为此检测仪器在该示值点的系统误差值。其相反数,即为此测量点的修正值。而标准表法就是把精度等级高于被检定仪器两挡以上的同类高精度仪器作为近似没有误差的标准表,与被检定检测仪器同时、或依次对被测对象进行重复测量,把标准表示值视为相对真值,如果被检定检测仪器示值与标准表示值之差大小稳定不变,就可将该差值作为此检测仪器在该示值点的系统误差,该差值的相反数即为此检测仪器在此点的修正值。

2. 残差观察法

对于按某种确定规律变化的变值系统误差,可采用残差观察法或利用某些判断准则来发现,并确定是否存在变值系统误差。

当系统误差比随机误差大时,通过观察和分析测量数据及各测量值与全部测量数据算术平均值之差,即剩余误差(也叫残差),常常能发现该误差是否为按某种规律变化的变差系统误差。通常的做法是把一系列等精度重复测量值及其残差按测量时的先后次序分别列表,仔细观察和分析各测量数据残差值的大小和符号的变化情况,如果发现残差序列呈有规律递增或递减,且残差序列减去其中值后的新数列在以中值为原点的数轴上呈正负对称分布,则说明测量存在累进性的线性系统误差;如果发现偏差序列呈有规律交替重复变化,则说明测量存在周期性系统误差。

3. 准则检查法

当系统误差比随机误差小时,就不能通过观察来发现系统误差,只能通过专门的判断准则才能较好地发现和确定。这些判断准则实质上是检验误差的分布是否偏离正态分布,常用的有马利科夫准则和阿贝—赫梅特准则等。

(1) 马利科夫准则

马利科夫准则适用于判断、发现和确定线性系统误差。此准则的实际操作方法是将在同一条件下顺序重复测量得到的一组测量值 $X_1, X_2, \cdots, X_n$ 顺序排列,并求出它们相应的残差 $v_1, v_2, \cdots, v_i, \cdots, v_n$。

$$v_i = X_i - \frac{1}{n}\sum_{i=1}^{n} X_i = X_i - \bar{X} \tag{7.12}$$

式中,X_i 为第 i 次测量值;n 为测量次数;$\bar{X}$ 为全部 n 次测量值的算术平均值,简称测量均值;v_i 为第 i 次测量的残差。

将这些残差序列以中间值 v_k 为界分为前后两组,分别求和,然后把两组残差和相减,即

$$D = \sum_{i=1}^{k} v_i - \sum_{j=k+1}^{n} v_j \tag{7.13}$$

当 n 为偶数时,取

$$k = \frac{n}{2}, s = \frac{n}{2} + 1$$

当 n 为奇数时,取

$$k = s = \frac{n+1}{2}$$

若 D 近似等于零,说明测量中不含线性系统误差;若 D 明显不为零(且大于 v_i),则表明这组测量中存在线性系统误差。

(2) 阿贝—赫梅特准则

阿贝—赫梅特准则适用于判断、发现和确定周期性系统误差。此准则的实际操作方法也是将在同一条件下重复测量得到的一组测量值 $X_1, X_2, \cdots, X_n$ 按序排列,并根据(7.8)式求出它们相应的残差 $v_1, v_2, \cdots, v_n$,然后计算

$$A \left| \sum_{i=1}^{n-1} v_i g v_{i+1} \right| = \left| v_1 v_2 + v_3 v_4 + \cdots + v_{n-1} v_n \right| \tag{7.14}$$

如果式(7.14)中 $A > \sigma^2 \sqrt{n-1}$ 成立(σ_2 为本测量数据序列的方差),则表明测量值中存在周期性系统误差。

7.3.3　减小和消除系统误差的方法

在测量过程中,若发现测量数据中存在系统误差,则需要作进一步地分析比较,找出产生该系统误差的主要原因以及相应减小系统误差的方法。由于产生系统误差的因素众多,且经常是若干因素共同作用,因而显得更加复杂,难以找到一种普遍有效的方法来减小和消除系统误差。以下介绍几种减小系统误差的较常用方法。

1. 找出产生系统误差的主要因素

对测量过程中可能产生的系统误差的环节作仔细分析,找出产生系统误差的主要原因,并采取相应措施是减小和消除系统误差最基本和最常用的方法。例如,如果发现测量数据中存在的系统误差的原因主要是传感器转换过程中存在零位误差或传感器输出信号与被测量间存在非线性误差,则可采取相应措施调整传感器零位,仔细测量出传感器非线性误差,并据此调整线性化电路或用软件补偿的方法校正和消除此非线性误差。如果发现测量数据中存在的系统误差主要是因为信号处理时采用近似经验公式(如略去高次项等),则可考虑用改进算法、多保留高次项的措施来减小和消除系统误差。

2. 采用修正方法减小定值系统误差

利用修正值来减小和消除系统误差是常用和非常有效的方法之一,在高精度测量、计量与标定时被广泛采用。通常的做法是在测量前预先通过标准器件法或

标准仪器法比对(计算),得到该检测仪器系统误差的修正值,制成系统误差修正表;然后用该检测仪器进行具体测量时可人工或由仪器自动地将测量值与修正值相加,从而大大减小或基本消除该检测仪器原先存在的系统误差。

3. 采用交叉读数法减小线性系统误差

交叉读数法也称对称测量法,是减小线性系统误差的有效方法。如果检测仪器在测量过程中存在线性系统误差,那么在被测参量保持不变的情况下其重复测量值也会随时间的变化而线性增加或减小。若选定整个测量时间范围内的某时刻为中点,则对称于此点的各对测量值的和都相同。根据这一特点,可在时间上将测量顺序等间隔对称安排,取各对称点两次交叉读入测量值,然后取其算术平均值作为测量值,即可有效地减小测量的线性系统误差。

4. 采用半周期法减小周期性系统误差

对周期性系统误差,可以相隔半个周期进行一次测量,取两次读数的算术平均值,即可有效地减小周期性系统误差。因为相差半周期的两次测量,其误差在理论上具有大小相等、符号相反的特征,所以这种方法在理论上能很好地减小和消除周期性系统误差。

以上几种方法在具体实施时,由于种种原因都难以完全消除所有的系统误差,而只能将系统误差减小到对测量结果影响最小以至可以忽略不计的程度。

7.4　粗大误差的处理

在实际测量过程中通常存在粗大误差的可能性。当在测量数据中发现某个数据可能是异常数据时,一般不要不加分析就轻易将该数据直接从测量记录中删除,最好能分析出该数据出现的主客观原因。判断粗大误差可从定性分析和定量判断两方面来考虑。

定性分析就是对测量环境、测量条件、测量设备、测量步骤进行分析,看是否有某种外部条件或测量设备本身存在突变而瞬时破坏;测量操作是否有差错或等精度测量过程中是否存在其他可能引发粗大误差的因素;也可由同一操作者或另换有经验操作者再次重复进行前面的(等精度)测量,然后再将两组测量数据进行分析比较,或再与由不同测量仪器在同等条件下获得的结果进行对比,以分析该异常数据出现是否"异常",进而判定该数据是否为粗大误差。这种判断属于定性判断,无严格的规则,应细致和谨慎地实施。

定量判断,就是以统计学原理和误差理论等相关专业知识为依据,对测量数据中的异常值的"异常程度"进行定量计算,以确定该异常值是否为应剔除的坏值。这里所谓的定量计算是相对上面的定性分析而言,它是建立在等精度测量符合一定的分布规律和置信概率基础上的,因此并不是绝对的。

下面介绍两种工程上常用的粗大误差判断准则。

1. 拉伊达准则

拉伊达准则是依据对于服从正态分布的等精度测量,其某次测量误差 $|X_i - X_0|$ 大于 3σ 的可能性仅为 0.27%。因此,把测量误差大于标准误差 σ(或其估计值 $\hat{\sigma}$)的 3 倍的测量值作为测量坏值予以舍弃。拉伊达准则表达式为:

$$|\Delta x_k| = |X_k - \bar{X}| > 3\hat{\sigma} = K_L \tag{7.15}$$

式中,X_k 为被疑为坏值的异常测量值;$\bar{X}$ 为包括此异常测量值在内的所有测量值的算术平均值 $\hat{\sigma}$;为包括此异常测量值在内的所有测量值的标准误差估计值;K_L($=3\hat{\sigma}$)为拉伊达准则的鉴别值。

当某个可疑数据 X_k 的 $|\Delta x_k| > 3\hat{\sigma}$ 时,则认为该测量数据是坏值,应予剔除。剔除该坏值后,剩余测量数据还应继续计算 $3\hat{\sigma}$ 和 $\bar{X}$,并按式(7.15)继续计算、判断和剔除其他坏值,直至不再有符合式(7.15)的坏值为止。

拉伊达准则是以测量误差符合正态分布为依据的,只适用于测量次数较多(例如 $n > 25$)、测量误差分布接近正态分布的情况。但是一般实际工程等精度测量次数较少,测量误差分布往往和标准正态分布相差较大。因此,在实际工程应用中当等精度测量次数较少(例如 $n \leqslant 20$)时,仍然采用基于正态分布的拉伊达准则,其可靠性将变差,且易使 $3\hat{\sigma}$ 鉴别值界限太宽而无法发现测量数据中的坏值。而当测量次数 $n < 10$ 时,拉伊达准则将彻底失效,不能判别任何粗大误差。

2. 格拉布斯(Grubbs)准则

格拉布斯准则是以小样本测量数据,以 t 分布为基础用数理统计方法推导得出的。其理论上比较严谨,具有明确的概率意义,通常被认为实际工程应用中判断粗大误差较好的准则。

若小样本测量数据中某一测量值满足表达式

$$|\Delta x_k| = |X_k - \bar{X}| > K_G(n, \alpha)\hat{\sigma}(x) \tag{7.16}$$

式中,X_k 为被疑为坏值的异常测量值;$\bar{X}$ 为包括此异常测量值在内的所有测量值的算术平均值;$\hat{\sigma}(x)$ 为包括此异常测量值在内的所有测量值的标准误差估计值;$K_G(n, \alpha)$ 为格拉布斯准则的鉴别值;n 为测量次数;α 为危险概率,又称超差概率,它与置信概率 P 的关系为 $\alpha = 1 - P$。

当某个可疑数据 X_k 的 $|\Delta x_k| > K_G(n, \alpha)\hat{\sigma}(x)$ 时,则认为该测量数据是含有粗大误差的异常测量值,应予以剔除。

格拉布斯准则的鉴别值 $K_G(n,\alpha)$ 是和测量次数 n、危险概率 α 相关的数值，可通过查相应的数表获得。

格拉布斯准则是建立在统计理论基础上，对 $n<30$ 的小样本测量是较为科学、合理的判断粗大误差的方法。因此，目前国内外普遍推荐使用该准则处理小样本测量数据中的粗大误差。

7.5　测量不确定度

对某一被测量参量进行重复测量时，通常会因测量仪器精度不够高，测量方法不完善，测量过程中某些或某种环境条件有变化，或测量数据记录发生差错等原因影响造成测量结果不准确，测量数据之间存在离散性。

测量不确定度是误差理论发展和完善的产物，是建立在概率论和统计学基础上的新概念。它表示由于测量误差的影响而对测量结果的不可信程度或不能肯定的程序。由于测量准确度涉及一般无法获知的"真值"，只能是一个无法真正定量表示的定性概念；而测量不确定度的评定和计算只涉及已知量，因此是一个可以定量表示的确定数值。在实际工程测量中，"精度"只能对测量结果或测量设备的可靠性作相对的定性描述，而作定量描述必须用"不确定度"。所以，测量不确定度才是定量表示在某个区域内以一定的概率分布的测量数据的质量或离散性的参数。

7.5.1　测量不确定度的有关术语

1. 测量不确定度

测量不确定度表示测量结果（测量值）不能肯定的程度，是可定量地用于表达被测参量测量结果分散程度的参数。该参数可以用标准偏差表示，也可以用标准偏差的倍数或置信区间的半宽度表示。

2. 标准不确定度

用被测参量测量结果概率分布的标准偏差表示的不确定度就称为标准不确定度，用符号 u 表示。测量结果通常由多个测量数据子样组成，对表示各个测量数据子样不确定度的标准偏差，称为标准不确定度分量，用 u_i 表示。

标准不确定度有 A 类和 B 类两类评定方法。A 类标准不确定度是指用统计方法得到的不确定度，用符号 u_A 表示；B 类标准不确定度是指用非统计方法得到的不确定度，即用根据资料或假定的概率分布估计的标准偏差表示的不确定度，用

符号 u_B 表示。A 类标准不确定度和 B 类标准不确定度仅评定方法不同。

3. 合成标准不确定度

由各不确定度分量合成的标准不确定度,称为合成标准不确定度。当间接测量时,即测量结果是由若干其他量求得的情况下,测量结果的标准不确定度等于各其他量的方差和协方差相应和的正平方根,用符号 u_C 表示。合成标准不确定度仍然是标准(偏)差,表示测量结果的分散性。这种合成方法,常被称为"不确定度传播定律"。

4. 扩展不确定度

扩展不确定度是由合成标准不确定度的倍数表示的测量不确定度。它用覆盖因子 k 乘以合成标准不确定度得到以一个区间的半宽度来表示的测量不确定度。覆盖因子 k 是为获得扩展不确定度,而与合成标准不确定度相乘的数字因子,它的取值决定了扩展不确定度的置信水平。通常 k 取 2~3 之间的某个值,类似于置信因子。

扩展不确定度是测量结果附近的一个置信区间,被测量的值以较高的概率落在该区间内,用符号 U 表示。通常测量结果的不确定度都用扩展不确定度 U 表示。当说明具有置信概率为 P 的扩展不确定度时,可以用 U_P 表示,此时覆盖因子也相应地以 k_P 表示。例如,$U_{0.99}$ 表示测量结果落在以 U 为半宽度区间的概率为 0.99。

U 和 u_C 作单独定量表示时,数值前可不加正负号。注意测量不确定度也可以用相对形式表示。

7.5.2　测量不确定度的评定

在分析和确定测量结果不确定度时,应使测量数据序列中不包括异常数据。即应先对测量数据进行异常判别,一旦发现有异常数据就应剔除。因此,在不确定度的评定前均要首先剔除测量数据序列中的坏值。

1. A 类标准不确定度的评定

A 类标准不确定度的评定通常可以采用下述统计与计算方法。在同一条件下对被测变量 X 进行 n 次等精度测量,测量值为 $X_i (i = 1, 2, \cdots, n)$。该样本数据的算术平均值为:

$$\bar{X} = \frac{1}{n} \sum_{i=1}^{n} X_i$$

X 的实验标准偏差(标准偏差的估计值)可用贝塞尔公式计算:

$$\hat{\sigma}(x) = \sqrt{\frac{\sum_{i=1}^{n} (X_i - \bar{X})^2}{n-1}} = \sqrt{\frac{\sum_{i=1}^{n} v_i^2}{n-1}}$$

式中，$\hat{\sigma}(x)$ 为实验标准偏差。

用 $\bar{X}$ 作为被测量 X 测量结果的估计值，则 A 类标准不确定度 u_A 为：

$$u_A = \hat{\sigma}(\bar{X}) = \frac{1}{\sqrt{n}}\hat{\sigma}(X) \tag{7.17}$$

2. B 类标准不确定度的评定

当测量次数较少，不能用统计方法计算测量结果不确定度时，就需用 B 类方法评定。对某一被测参量只测一次，甚至不测量（各种标准器）就可获得测量结果，则该被测参量所对应的不确定度属于 B 类标准不确定度，记为 u_B。

B 类标准不确定度评定方法的主要信息来源是以前测量的数据、生产厂的产品技术说明书、仪器的鉴定证书或校准证书等。它通常不是利用直接测量获得数据，而是依据查证已有信息获得。例如：

① 最近之前进行类似测试的大量测量数据与统计规律；

② 本检测仪器近期性能指标的测量和校准报告；

③ 对新购检测设备可参考厂商的技术说明书中的指标；

④ 查询与被测数值相近的标准器件对比测量时获得的数据和误差。

应指出的是，B 类标准不确定度 u_B 与 A 类标准不确定度 u_A 同样可靠，特别是当测量自由度较小时，u_B 比 u_A 更可靠。

B 类标准不确定度是根据不同的信息来源，按照一定的换算关系进行评定的。例如，根据检测仪器近期性能指标的测量和校准报告等，并按某置信概率 P 评估该检测仪器的扩展不确定度 U_P，求得 U_P 的覆盖因子 k，则 B 类标准不确定度 u_B 等于扩展不确定度 U_P 除以覆盖因子 k，即

$$u_B(X) = \frac{U_P(X)}{k} \tag{7.18}$$

3. 合成标准不确定度的评定

当测量结果有多个分量，则合成标准不确定度可用各分量的标准不确定度的合成得到。计算合成标准不确定度的公式称为测量不确定度传播率。合成标准不确定度仍然表示测量结果的分散性。当影响测量结果的几个不确定度分量彼此独立时，即被测量 X 是由 n 个输入分量 $X_1, X_2, \cdots, X_n$ 的函数关系确定，且各分量不相关，根据国际标准化组织（ISO）1992 年公布的《测量不确定度表达指南》的规定，在不必区分各分量不确定度是由 A 类评定方法还是 B 类评定方法获得的情况下，测量结果的合成标准不确定度 u_C 可简化为各分量标准不确定度 u_i 平方和的正算术平方根，由下式表示：

$$u_C(X) = \sqrt{\sum_{i=1}^{n}\left(\frac{\partial f}{\partial X_i}\right)^2 u^2(X_i)} \tag{7.19}$$

式中，f 为被测量与各直接测量分量的函数关系表达式；n 为各直接测量分量的个数；$u(X_i)$ 为各直接测量分量的 A 类或 B 类标准不确定度分量；$\partial f/\partial X_i$ 为被测量 X（与各直接测量分量的函数关系表达）对某分量 X_i 的偏导数，通常称为灵敏系数，也称为传播系数。为表示与书写方便用 C_i 代表 $\partial f/\partial X_i$，则式（7.19）可改写成：

$$u_C(X) = \sqrt{\sum_{i=1}^{n} C^2 u^2(X_i)} = \sqrt{\sum_{i=1}^{n} u_i^2(X)} \qquad (7.20)$$

　　这里应指出：式（7.19）及式（7.20）仅适用于影响测量结果的各分量彼此独立的场合。对各分量不独立的测量情况，在求测量结果合成标准不确定度或不确定度合成时，还需考虑协方差项的影响。关于考虑协方差的合成标准不确定度计算与合成不作深入讨论，有兴趣的读者可参阅相关资料。

4. 扩展不确定度的评定

　　根据扩展不确定度的定义，测量结果 X 的扩展不确定度 U 等于覆盖因子与合成不确定度 u_C 的乘积，即：

$$U = ku_C \qquad (7.21)$$

　　测量结果可表示为 $X = x \pm U$，x 是 X 被测量的最佳估计值，被测量 X 的可能值以较高的概率落在 $x - U \leqslant X \leqslant x + U$ 区间内。覆盖因子 k 要根据测量结果所确定区间需要的置信概率进行选取。工程上，常用下述方法选取覆盖因子 k。

　　① 在无法得到合成标准不确定度的自由度，测量次数多且接近正态分布时，一般 k 取典型值为 2 或 3。在工程应用时，通常取 $k = 2$（相当于置信概率为 0.95）。

　　② 根据测量值的分布规律和所要求的置信概率，查相关表选取 k 值。

　　③ 如果 $u_C(X)$ 的自由度较小，并要求区间具有规定的置信水平时，求覆盖因子 k 的方法如下：

　　设被测量 $X = f(X_1, X_2, \cdots, X_i, \cdots, X_n)$，先求出其合成标准不确定度 $u_C(X)$，再根据下式计算 $u_C(X)$ 的有效自由度：

$$d_e = \frac{u_C^4(X)}{\displaystyle\sum_{i=1}^{N} \frac{C_i^4 u^4(X_i)}{d_i}} \qquad (7.22)$$

式中，N 为各直接测量分量的个数；d_i 为 $u(X_i)$ 的自由度数；$C_i = \partial f/\partial X_i$ 为被测量 X 对某分量 X_i 的偏导数；$u(X_i)$ 为各直接测量分量的标准不确定度。

　　覆盖因子 k 的选择取决于测量结果 X 的置信度，即希望 X 以多大的置信概率（置信水平）落入 $x - U$ 至 $x + U$ 的区间，这要求有丰富的实践经验和扎实的专业知识。对测量结果 X 的分布不甚清楚的情况下，覆盖因子 k 的选择将更加困难。这时最简单的做法是在测量结果的置信水平要求很高时规定 $k = 3$（相当于正态分布时的置信概率 0.997,对近似为正态的 t 分布的置信概率也可认为 0.99 或 99%)。在一般工程应用中习惯取 $k=2$(相应的置信概率近似为 0.95 或 95%)。

7.5.3 测量结果的表示与处理

在任何一个完整的测量过程结束时,都必须对测量结果进行报告,即给出被测量的估计值以及该估计值的不确定度。

设被测量 X 的估计值为 x,估计值所包含的已确定系统误差分量为 εx,估计值的不确定度为 U,则被测量 X 的测量结果可表示为:

$$X = x - \varepsilon_x \pm U \qquad (7.23)$$

或者

$$x - \varepsilon_x - U \leqslant X \leqslant x - \varepsilon_x + U \qquad (7.24)$$

如果对已确定测量系统误差分量为 $\varepsilon_x = 0$,也就是说被测量 X 的估计值不再含有可修正的系统误差,而仅含有不确定的误差分量,此时,测量结果可用下式表示:

$$X = x \pm U \qquad (7.25)$$

或者

$$x - U \leqslant X \leqslant x + U \qquad (7.26)$$

用上述两种形式给出测量结果时,通常应同时指明 k 的大小或测量结果的概率分布及置信概率等。

测量结果有时也以相对不确定度表示,例如:

$$X = x(1 \pm U_R) \quad (P = 0.99)$$

式中,$U_R = U/x$ 为相对扩展不确定度。

值得一提的是,测量结果无论采用何种形式,最后都应给出测量单位(且只能出现一次)。

对送检样机或样品按一定步骤进行测量和校准等检定工作后,要对测量数据进行统计、分析处理,最后给出校准或检定证书。对某个重要被测参量进行测量后也要给出测量结果,并评估该测量结果的测量不确定度。

对测量结果测量不确定度处理的一般过程如下:

① 根据被测量的定义和送检样机或样品所要求的测量条件,明确测量原理、测量标准,选择相应的测量方法、测量设备,建立被测量的数学模型等;

② 分析并列出对测量结果有较为明显影响的不确定度来源,每个来源为一个标准不确定度分量;

③ 定量评定各不确定度分量,并特别注意采用 A 类评定方法时要先用恰当的

方法依次剔除坏值；

　　④ 计算测量结果合成标准不确定度和扩展不确定度；

　　⑤ 完成测量结果报告。

习　　题

　　1. 为什么一般测量均会存在误差？

　　2. 什么叫系统误差？什么叫随机误差？它们产生的原因有哪些？

　　3. 什么叫绝对误差？什么叫相对误差？什么叫引用误差？

　　4. 工业仪表常用的精度等级是如何定义的？精度等级与测量误差是什么关系？

　　5. 已知被测电压范围为 $0\sim5$ V，现有（满量程）20 V、0.5 级和 150 V、0.1 级两只电压表，应选用哪只电表来进行测量？

　　6. 试述减小和消除系统误差的方法主要有哪些？

　　7. 对某电阻两端电压等精度测量 10 次，其值分别为 28.03 V，28.01 V，27.98 V，27.94 V，27.96 V，28.02 V，28.00 V，27.93 V，27.95 V，27.90 V。分别用阿贝—赫梅特和马里科夫准则检验该次测量中有无系统误差。

　　8. 常用的粗大误差处理方法有哪些？这些方法各有什么特点？

　　9. 简述测量不确定度和误差两者的异同点。

　　10. 测量不确定度 A 类评定方法与 B 类评定方法的依据分别是什么？

参 考 文 献

[1]　刘传玺,袁照平.自动检测技术[M].北京:机械工业出版社,2008.

[2]　胡向东,刘京诚,余成波,等.传感器与检测技术[M].北京:机械工业出版社,2009.

[3]　宋文绪,杨帆.传感器与检测技术[M].北京:高等教育出版社,2009.

[4]　狄长安,孔德仁,贾云飞,等.工程测试与信息处理[M].北京:国防工业出版社,2010.

[5]　周杏鹏,等.现代检测技术[M].南京:东南大学出版社,2004.

[6]　郭琼.现场总线技术及其应用[M].北京:机械工业出版社.2011.

[7]　陈杰,黄鸿.传感器与检测技术[M].2版.北京:高等教育出版社,2010.

[8]　王煜东.传感器及应用[M].北京:机械工业出版社,2008.

[9]　甘永梅.现场总线技术及其应用[M].北京:机械工业出版社,2008.

[10]　韩九强,周杏鹏.传感器与检测技术[M].北京:清华大学出版社,2010.

[11]　张剑平.智能化检测系统及仪器[M].国防工业出版社,2009.

[12]　郁友文,常健.传感器原理及工程应用[M].西安:西安电子科技大学出版社,2001.

[13]　徐科军.传感器与检测技术[M].3版.北京:电子工业出版社,2011.

[14]　胡向东,彭向华,李学勤,等.传感器与检测技术学习指导[M].北京:机械工业出版社,2009.

[15]　陶红艳,余成波.传感器与现代检测技术[M].北京:清华大学出版社,2009.

[16]　宋文绪,杨帆.自动检测技术[M].北京:高等教育出版社,2000.

[17]　王元庆.新型传感器原理及应用[M].北京:机械工业出版社,2002.

[18]　张福学.传感器应用及其电路精选[M].北京:电子工业出版社,2000.

[19]　袁希光.传感器技术手册[M].北京:国防工业出版社,1986.

[20]　王化祥,张淑英.传感器原理及应用[M].修订版.天津:天津大学出版社,1999.

[21]　黄继昌,徐巧鱼,张海贵,等.传感器工作原理及应用实例[M].北京:人民邮电出版社,1998.

[22]　谢文和.传感器技术及应用[M].北京:高等教育出版社,2004.

[23]　樊尚春.传感器技术及应用[M].北京:北京航空航天大学出版社,2004.

[24]　张迎新.非电量测量技术基础[M].北京:北京航空航天大学出版社,2002.

[25]　雷玉堂.光电检测技术[M].北京:中国计量出版社,2001.

[26]　赵继文.传感器与应用电路设计[M].北京:科学出版社,2002.

[27]　贾民平,张洪亭.测试技术[M].2版.北京:高等教育出版社,2009.

[28]　熊诗波,黄长艺.机械工程测试技术基础[M].3版.北京:机械工业出版社,2011.